U0112037

大展好書　好書大展

品嘗好書　冠群可期

大展好書　好書大展

品嘗好書　冠群可期

鑑往知來 7

『百戰奇略』給現代人的啟示

陳 義 主編

大展出版社有限公司

序文

『孫子』與克勞傑維茲的『戰爭論』是東西方論戰的古典名著。尤其是『孫子』，內容縱貫二千五百年，除了中國本土之外，是日本、東南亞等漢字文化圈所傳承的兵法書。而近年來不僅作為兵法的經典，也被認為是商場策略書或經營管理者、運作經營策略者的參考指南。當然，市面上『孫子』應用篇的商業叢書為數甚多。

在美國電影『華爾街』一片中出現，想利用股票的內線交易獲取暴利的人物，引用『孫子』之言的場面，同時，甚至還有新聞報導指出，參與波斯灣戰爭的美國海軍隊員身上，帶有英譯本『孫子』的拷貝文件。

兵法書因閱讀者的取捨，可能變成兵法以外的經典，也可能是跳出古典的範疇，隨時提示我們因應問題的睿智的經世指南。

本書『百戰奇略』可說是集中國歷史所蘊育的兵法書（『孫子』為代表）的大成。

本書將戰爭的原則分類為一百項，各以『孫子』『吳子』『司馬法』為首的兵法七書做縱橫的引用，也可說是中國兵法精髓的抽樣。一百項的原則由賞戰、罰戰；遠戰、近戰；進戰、退戰等相反的對句構成，暗示著戰爭原則的相對性。另外，文中還指出歷史上的戰例與一百項的原則對應，可說是各項原則的實例。

克勞傑維茲在其著述『戰爭論』中如此記載：

「歷史上的實例，一般都是說明許多事項，然而，除了戰爭內容的說明之外，它還具備經驗科學中最強的證明力。這一點在戰爭術中尤為顯著。」

而『百戰奇略』藉由列舉一百項的原則對應的各個戰例，除了可證明原則之外，還具備做為歷史讀物或戰記的趣味性。

這是一本編排井然有序的兵法書，也是標題『百戰奇略』的由來。

一般認為『百戰奇略』是明代劉基的著作。

被認為是作者的劉基（一三一一～一三七五年）字伯溫，號黎眉公，青田（浙江省甌海道）人，考中元末科舉成為官僚，不過，後來成為朱元璋（明朝洪武皇帝）的參謀，獻身於擁明擊元的中國統一，是明朝建國的功臣之一。朱元璋尊重劉基，曾說「汝乃吾之子房（指漢劉邦的名參謀——張良）也」。精通天文、地理及經史，當時被認為是諸葛孔明再世。不僅是位政治家、軍師，也是當代一流的詩人、文人，著書有『黎眉公集』『寫情集』『郁離子』『覆瓿集』等。在『明史』卷一二八中有其傳記。

但是，有人對於『百戰奇略』為劉基著述持反對意見，北宋時代末期有一本作者不詳的『百戰奇法』，據說清代人將其更名為『百戰奇略』，以劉基的著作發表。而在『中國大百科全書——軍事一』（中國大百科全書出版社——一九八九年）「百戰奇法」的項目中，也指稱劉基著『百戰奇略』乃清代人假藉其名出書。

『百戰奇略』的原書是北宋末期作者不詳的『百戰奇法』幾乎已經定論。但是，雖然作者姓名不詳，毫無疑問地必是精通兵法、歷史及經文的博學多識者。

雖然有上述的來龍去脈，本書仍然以『劉基．百戰奇略』為標題。這是延續清代發行人假藉劉基之名，以博得廣大讀者的意圖。同時，也是因為在現代中國『百戰奇略』比『百戰奇法』更為著名等因素的緣故。

目錄

第二章 從備戰到危戰

第三章——從死戰到活戰

第四章 從怒戰到忘戰

第一章

從計戰到夜戰

1 計戰——狀況分析與正確的判斷是勝敗的關鍵

凡用兵之道，以計為首。未戰之時，先料將之賢愚、敵之強弱、兵之眾寡、地之險易、糧之虛實。計料已審，然後出兵，無有不勝。法曰，料敵制勝，計險阨遠近，上將之道也。

【文　意】

兵法首重其計，換言之，其首要原則在於對敵我雙方的客觀狀況做分析、判斷。兩軍對陣，對敵將能力之優劣、戰鬥之強弱、兵力之大小、地形之狀態、軍糧之存量等之掌握缺一不可。唯有能對敵我雙方狀況做最正確的分析與判斷，才能戰勝對方。

兵法說：考量敵情分析勝算，檢討土地是險阨亦或平坦，是遠或近，然後擬定相應之作戰計劃，這才是軍隊統帥的責任。

【戰　例】

後漢末期，西元二〇七年，駐屯新野（河南省新野）的劉備，三度親自走訪隱居於隆中（湖北省襄陽之西）的諸葛亮（即所謂的三顧茅廬）。當劉備見到諸葛亮後，很謙虛地請教有關平定天下的戰略。

諸葛亮說：「董卓以來天下群雄割據，其數不勝枚舉。其中，曹操和袁紹相比，非但名氣遠不能相及，所擁之兵力亦少，然而卻戰勝袁紹。弱者之所以能戰勝強者，是因其謀略而非全靠運氣。

現今，曹操擁有百萬大軍，挾天子以令諸侯。絕不可與曹操正面作戰。

孫權割據江東（長江下流南岸之地）已歷三代。固守國境，民心一致又獲賢臣。因此，應與孫權為友互相支援而不可對戰。

荊州（包括湖北、湖南兩省，河南、貴州、廣東、廣西的一部分）北有漢水、沔水（漢水的上游）之天然防禦線，南有南海（廣東、廣西省）之物資、資源，東連吳、會（江蘇省、浙江省），西通巴、蜀（四川省），可說是最適合的軍事根據地。但是，現今控制該地的劉表終究無法固守。此地宛如上天將賜予閣下之物，將軍意下如何？

且益州（四川省、雲南、甘肅、湖北、貴州省的一部分）四面有高山峻嶺圍繞，土地廣大而肥沃，恰似一座天然穀倉。以前漢高祖（劉邦）即是憑藉此地完成統一天下之大業。然而當今佔據該地的劉璋昏庸無能，北方又受張魯的脅迫。雖國富民豐卻不知體恤人民，舉凡有遠識之人無不期盼英明君主的來臨。

閣下本是漢皇室的子孫，重視信義為天下所知，而且知人善任。如果閣下能取得荊州與益州，以險要地勢為防禦線，西與異族締結友好關係，南和越人親和，對外與孫權同盟，對內整頓政治，待時機來臨再遣大將率兵出征宛（河南省南陽）、洛（河南省洛陽），而閣下親自率領益州之兵進軍秦川（陝西、甘肅省的平原地帶），各地人民必拱手歡迎閣下。

如此一來，即能統一天下並能復興漢室。」

劉備聽完這番話後說：「所言正是。」

後來，天下形勢的演變果真如諸葛亮所言。（『三國誌』〈蜀書・諸葛亮傳〉

【解說】

戰例所示的正是『三國志（演義）』中著名的諸葛亮（孔明）的「三分天下之計」。

當時中國是處於群雄割據，大家都企圖奪取天下的局面。當然，劉備亦不例外。其英雄的本質雖然受到多方的肯定，但是，其地位卻不穩定而且也沒有確固的地盤。

而諸葛亮所提出的戰略，正是所謂的「三分天下」之計。

雖然當時天下豪傑眾多，但是，諸葛亮卻能正確地洞悉，唯有曹操與孫權是最後的殘存者。同時又能對其做確切的現狀分析，並舉出只要能取得當時處於兩大勢力間隙地位的荊、益兩州做為根據地就能三分天下，亦即可以造成三雄鼎立的狀態。而且若能和孫權締結同盟關係，也可以防範危險的曹操輕舉妄動。

在三國鼎立的狀況下製造暫時的小康狀態，趁機提高國力，然後伺機攻打曹操。一旦消滅掉曹操之後，再慢慢地處理孫權。

如歷史所示，後漢滅亡之後即進入劉備的蜀漢、曹操的魏、孫權的吳所形成的三國鼎立時代，這和諸葛亮所擬的戰略不謀而合。但是，其後因諸葛亮與劉備相繼去世，蜀漢終究無法統一天下。總而言之，諸葛亮對「計」的正確掌握以及劉備能忠實地按計實行，乃是三分天下之所以成功的基本要因。

相對地，也有因「計」失敗的戰例。第一次世界大戰中，德國被擊破的休利芬計劃就是最好的範例。

這是當時由於俄法同盟，因而倍感東西受到威脅的新興德意志帝國，計劃實施兩面作戰，由其參謀總長休利芬在一九〇五年所擬定的戰略。

其基本構想是，莫斯科的距離較遠而距巴黎較近，而且俄國境內的鐵路交通網很不方便，若要真正動員並完成攻擊態勢至少需要六週的時間。而在西部戰線，德軍只要有六週的時間往東部戰線，和俄軍決戰並將之擊敗。如此即能在最短的時間內結束戰爭。這是可一舉解決兩面作戰困難的絕佳戰略。

可是，休利芬計劃是基於軍事的觀點所策訂，完全忽略了政治和外交的考量。

一九一四年、第一次世界大戰爆發。進攻法國的德軍卻蹂躪中立國的比利時，而導致英國參戰的結果。以致德軍在西部戰線陷入膠著的狀態，從而迫使德國陷入原本最為忌諱的二面戰爭和長期戰爭的惡夢中。

同時，德國為了奪取英國的制海權，企圖破壞英國對外通商的無限制潛艇作戰，又引來中立國的美國的參戰。最後德國幾乎落得與全世界為敵的境地。

另外，第二次世界大戰中日本軍閥與德意志、義大利結成三國同盟，想要稱霸世界的「計」也是典型的失敗戰例。

2 謀戰——防範未然才是至高戰術

凡敵始有謀，我從而攻之，使彼計衰而屈服。法曰，上兵伐謀。

【文　意】

戰時若能洞悉敵軍之陰謀制敵機先、防範於未然，必能使之屈服。

兵法有言：「最高的戰術乃是在其陰謀內擊潰敵軍的陰謀。」（『孫子』謀攻篇）

【戰　例】

春秋時代，晉王平公想攻佔齊國。於是派遣臣下范昭充當使者到齊國，以偵察其國情。齊王景公設宴款待范昭。當酒宴達酒酣耳熱之際，范昭對景公說：

「能否賜飲君王之杯？」

景公隨即應允而命令臣下，在自己的酒杯斟滿酒遞給范昭。范昭隨即一飲而盡。

宰相晏嬰察覺范昭意圖還杯予景公。范昭若將其沾過口的酒器還給景公，就有失君臣之禮。

晏嬰洞察機先隨即向服待的官差說：

「更換酒杯！更替用的酒杯早已備好。」

范昭佯裝酒醉，表示想要跳舞。不和悅地對齊國的樂師說：

「能否奏一段成周之樂？我想聞樂起舞。」

樂師回答：「我乃薄學庸人，尚未習得成周之樂。」

范昭終究無法得逞。

事後景公責難晏嬰說：

「晉乃大國，晉的使者前來我國偵察，你卻觸怒了使者。今後將何以自處。」

晏嬰回答說：

「范昭絕非不知禮儀法度之輩，乃是故意非禮以試探我國。因此，我要制止他。」

接著，景公問樂師說：

「為何你斷然拒絕演奏客人所熱切渴望的成周之樂？」

樂師回答說：

「成周之樂乃君主之樂。一旦奏起成周之樂，君主必須起身起舞。范昭乃是臣下的身分，卻是配合成周之樂起舞。因此，我斷然拒絕。」

范昭回到晉國向平王報告說：

「應當放棄進攻齊國的念頭。當我想侮辱齊王時，立即被宰相晏嬰識破。同時，當我無視於禮儀法度時，也隨即被樂師阻攔。」

孔子聽聞此事評論說：「以一席酒宴消彌千里之外的陰謀，唯有晏嬰才能有此神通吧。」（『晏子春秋』內篇雜上）

【解　說】

防範於未然乃是至高的戰術。不過，既然結束於未然，自然不為世人所知，而且愈是早在詭計萌芽的階段給予制止，愈具有效果，歷史上卻鮮少有這些例子。

一九四五年以後的美蘇對立，也許可說是謀戰，亦即防範未然戰術的典型例子。其間雖然製造了許多緊張或代替性的戰爭，總算迴避了兩國直接對決。

尤其是一九六二年的古巴危機，更使美蘇的全面核子戰爭更陷入劍拔弩張的階段。美國的偵察機察覺蘇聯在古巴裝置飛彈後，強硬地要求蘇聯撤離，同時對古巴進行海上封鎖。美蘇全面對決的危機一觸即發。

結果因蘇聯撤離在古巴配置的飛彈而獲得解決。

相反地，無法在陰謀而釀成戰爭結果的是，第二次世界大戰的慕尼黑協定（一九三八年九月二十九日）。

一九三四年成為德國總統的希特勒，一步步地使德國朝軍事大國邁進。一九三五年三月，片面地宣稱徵兵制復活，六月藉由英德海軍協定開始極力擴充海軍，一九三六年三月斷然實行重新佔領萊蘭得非武裝區域，一九三八年二月併吞奧地利。

對於這些危險的徵兆，束縛於一次大戰悲慘記憶的英、法兩國，卻一味地要求和平解決——亦即「利用和談解決」，而沒有任何有效的對策。當初內心對英、法的反應誠惶的希特勒，也終於因懦弱的英、法兩國的態度而加深其信心。因為，他知道大家都畏懼戰爭。

而英國與法國對德國籠絡政策的極限，就是認同捷克的茲登第地方割讓給德國的慕尼黑協定。英法兩國認定此協定應該能讓希特勒獲得滿足，從此可以遠離戰爭而大為放心。

但志得意滿的希特勒，在隔年的一九三九年九月一日，突然侵佔波蘭。英國、法國終於徹悟，對談是無法遏止希特勒的野心，於是向德國宣戰，這是第二次大戰的開始。

3 間戰——情報收集乃勝利的關鍵

凡欲征伐，先用間諜，觀敵之眾寡虛實動靜，然後興師，則大功通，戰無不勝。法曰，無所不用間也。

【文 意】

攻打第人之際，若能利用間諜調查敵軍的兵力、配置、行軍、宿營等狀況，再根據情報給予攻擊必能獲致勝利。

兵法有言：「任何事都可運用間諜。」（『孫子』用間篇）

【戰 例】

南北朝時代，北周武將韋叔裕生性重信義，長年鎮守玉壁城（山西稷山西南）。韋叔裕擅長統率大軍，同時也受到士兵的愛戴。

韋叔裕派遣到北齊的間諜全卯足全力收集情報。同時，暗中從韋叔裕處獲得金錢支援的北齊人，也定期地傳送情報給韋叔裕。因此，北周完全掌握住北齊的內部動向。

北齊宰相斛律光是位聰明能幹、智勇兼備的人物，斛律光是韋叔裕的眼中釘。擅長占卜的部屬曲嚴對韋叔裕進言說：

「依臣下之見，北齊到了明年恐怕有內部分裂之兆。」

韋叔裕於是命曲嚴製作一首歌，其內容如下：

「百升飛上天，明月照長安。」

在度量衡中百升相當於一斛，而明月是斛律光之字，長安是北周之都。換言之，意思是斛律光繼位為北齊的皇帝，歸順於北周。

接著還有這樣的詞句。

「不推高山自潰，不扶槲樹自立。」

北齊的皇帝姓高，斛與槲同音。換言之，這是表示北齊的皇帝倒台，斛律光取而代之。

這都暗示了斛律光有發動戰爭的意圖。韋叔裕用間諜把寫上這些說詞的傳單散布在北齊之都的鄴（湖北省臨江縣的西南）。北齊重臣祖孝徵平日與斛律光交惡，一聽此歌覺得有機可乘，於是刻意中傷斛律光，結果造成斛律光被處刑。

北周武帝聽說斛律光已死亡，就在國內實施恩赦以掌握民心，後來發動大軍攻伐北齊。西元五七七年，北齊終於滅亡。（『周書』韋孝寬傳）

【解　說】

「間」字有「暗中」、「窺視」或「間諜、奸細」之意。

戰例中的韋孝寬（叔裕）正是因為能運用間諜詳細掌握北周內部狀況，才能以一封黑函攪亂北齊。可以說就是利用間諜的情報收集與秘密工作而獲致成功的戰例。

『孫子』一書中提到「間」有五種。亦即鄉間（潛入民間的間諜）、內間（敵方派來的內通間諜）、反間（為我方工作的敵方間諜）、死間（敢死隊間諜）、生間（要生還的間諜）等。

不僅是古代，近代戰爭中情報所佔的比重亦日形重大，甚至在平時不管用「間」是否合法，乃不斷地進行。

第二次世界大戰的前夕，瑞士的新聞記者出版了一本德軍軍備大觀。該新聞記者隨即被德國的秘密警察逮捕，但仔細調查其情報的內容，發覺盡是一些公開的情報。其中多半是整理、分析出現在地方報紙上社交欄的軍、將官姓名的結果，最後被判無罪。

不過，即使是公開的情報，將這些龐大的情報給予整理、分析時，從中自然會浮現秘密情報。隨著電腦的發達，對龐大情報的整理與分析日趨盛行。但是，電腦並非能完全取代間諜。『孫子』以後的間諜仍然有其必要。

一九七〇年代，美軍為了調查蘇聯T72新型戰車砲的口徑，耗費一千八百萬美金，出動偵察衛星、無線網路、電腦分析等，卻不得而解。但是，英軍的間諜潛入東德的戰車裝配所，不僅是為了戰車的口徑，連操縱手冊都盜取成功。而且據說所支出的費用僅只更換鑰匙的四百美元而已。

4 選戰——應遴選精銳為先鋒

凡與敵戰，須要選揀勇將銳卒，使爲先鋒。一則壯其志，一則挫敵威。法曰，兵無選鋒曰北。

【文　意】

與敵軍交戰時，應該選拔勇猛的統帥與精兵為先鋒。藉此才能提高士氣，迅速擊退敵軍。

兵法有言：「軍之先鋒非選拔的精兵，必將敗北。」（『孫子』地形篇）

【戰　例】

後漢時代，建安十二年（西元二〇七）袁尚、袁熙兩兄弟逃入北方異族烏桓的支配地上谷郡（以河北省懷來東北為中心）。

在此之前，烏桓屢犯中原，成為騷動之亂源。因此，曹操決定予以討伐，當年夏天五月派遣大軍直逼無終（河北省天津市薊縣）。

但是，七月秋的一場洪水，阻攔了行軍通道。因此，熟悉當地環境的田疇請充當前導，曹操隨即應允。

田疇將帶領大軍通過盧龍塞（河北省喜峰口一帶），跋涉於被水淹沒無法辨認的道路，穿山越嶺，往前行進五百餘里。越過白檀（河北省承德西），穿過平岡（遼寧省凌源西南），踩著泥濘污水進入異族鮮卑的駐紮地，一直往東邊的柳成（遼寧省朝陽南）前進。

但是，曹軍尚未前進二百里已被敵軍察覺動向。

袁尚與袁熙陪同烏桓王蹋頓，率領數十萬騎兵迎戰曹操之軍。

到了八月，曹操所率領的大軍來到白狼山（遼寧省凌源東南的白鹿山），在此與敵軍正面對決。但是，敵軍的兵力非同小可。

曹操當時碰巧落腳於補給部隊，處於大軍的後方。周遭可戰之兵極少，大家陷入恐慌狀態。

但是，曹操從山上觀察敵情，發覺敵陣混亂之際，隨即決定給予反擊，於是命令以勇猛著名的武將張遼為先峰，給敵軍反擊。

結果，敵軍大敗，斬殺蹋頓等眾多將兵。降服二十萬敵兵。（『三國志』魏書・武帝紀）

【解　說】

曹軍的絕地反攻之所以成功，一以猛將率領精銳部隊，給敵軍迅速攻擊，一以主帥曹操能敏捷地洞察敵陣混亂而決意反擊的冷靜判斷。

若以固守陣營為第一優先，也許反會招至敗北。

戰爭有時會因時間與場合，與猛將義無反顧的反擊而突破重圍。

一七九六年五月拿破崙在義大利的羅迪戰役可說是其中一例。

當時，拿破崙所率領的三萬六千名法軍的裝備並不充分。法國革命後陷入危機的政府，連薪資也無法給付。大軍簡直是赤身露體，踩著一雙破鞋穿越阿爾卑斯山攻進北義大利。

法軍與奧地利軍隔著波河的支流阿達河，以架在河上的木橋為中心，展開激烈的砲擊戰。拿破崙命令騎兵隊從遙遠的下游處渡河，攻擊奧軍的側面。

當拿破崙看掌握住攻擊的良機時，立即命令全軍渡過木橋，給敵軍來個迎頭痛擊。但是，在激烈的砲火中，士兵無法前進。這時，拿破崙親自手拿三色旗，率頭領先激勵士氣，渡過槍林彈雨的木橋。

這場戰爭因拿破崙以司令官之尊身先士卒，激勵了法軍的士氣而獲得勝利。同時，這場羅迪之戰也是士兵們交相傳頌拿破崙英勇事蹟的開端。

5 步戰——戰勝騎兵的信長戰術

凡步兵與車騎戰者，必依丘陵險阻林木而戰則勝。落遇平易之道，須用拒馬槍爲方陣，步兵在內。馬軍步兵中分爲駐隊戰隊。駐隊守陣，戰隊出戰。戰隊守陣，駐隊出戰。敵攻我一面，則我兩哨出兵，從傍以掩之。敵攻我兩面，我分兵從後以搗之。敵攻我四面，我爲圓陣，分兵四出以備擊之。敵若敗走，以騎兵追之，步兵隨其後，乃必勝之方。法曰，步兵與車騎戰者，必依兵陵險阻，若無險阻，令我士卒爲行馬蒺藜。

【文意】

步兵與戰車或騎兵交戰時，若能利用丘陵、險峻山勢、山林等地形，將可能獲得勝利。若是在平坦之地遭逢敵軍時，可利用拒馬槍（以槍做成的阻馬欄柵）做成方陣，在其內安置步兵作為防守。兵、馬二分為駐隊與戰隊，駐隊防守陣營時戰隊出擊；戰隊守陣營時駐隊則向敵軍攻擊。

當敵軍由一面進攻而來時，則由其兩側反擊。若敵軍由兩面攻擊，則派遣部分兵力繞到敵軍後方給予攻擊。敵軍由四方攻陷而來時，則作成圓陣同時兵分四路予以擊退。若敵軍開始敗走，隨即派騎兵追擊，步兵隨行在後給予猛擊。這是必勝戰法。

兵法有言：「步兵與戰車或騎兵交戰時，應選擇丘陵或險要之地，若無這些地形則命令士兵設置拒馬或蒺藜等防禦柵欄。」

【戰　例】

五代十國的後梁。武將周德威奉命守衛河北省東部一帶，由於對自己的武勇過於自信，而忽視防禦的設施。終於被北方遊牧民族的契丹奪走要塞榆關（河北省山海關）。後來契丹在平州與營州之間（遼寧省西南部、河北省東北一帶）從事放牧。在西元九一七年某日又突然佔領新州（河北省逐鹿）。周德威雖試圖奪回卻沒有成功，最後率兵退至幽州（北京市西南）。但是，後來幽州也被契丹軍包圍，敵軍的包圍長達兩百天以上，破城之危迫在眉睫。

聽聞此消息的武將李嗣源（後來的後唐皇帝明宗）與武將李存審立刻聯合起來，在易州（河北省易縣）招集七萬人馬前往救援。

由易州出發的軍隊朝北越過大房嶺（北京市房山縣西北的大房山），沿著河谷往東進軍。當李嗣源與其子李從珂率三千騎兵充當先鋒穿過山嶺之際，眼前所出現的竟然是契丹一萬騎兵，看到契丹龐大的軍勢大家臉色大變。

但是，李嗣源親自率領百餘騎兵前進，脫掉盔甲，高揮皮鞭，隨即以契丹話向敵軍喊話。

「蠻軍毫無理由侵犯我國。我奉令率領百萬大軍進攻契丹之都西樓（遼寧省巴林左旗），要將你們一網打盡。」

語畢，手拿武器三次衝鋒陷陣，揮斬一名契丹將領的頭顱。契丹軍個個人心惶惶，李嗣源見狀隨即命令後續部隊傾全力突擊，契丹軍個個抱頭鼠竄，於是確保了大房嶺的出口。

同時李存審命令士兵伐木頭做成一根根尖木頭，利用這些尖木頭在四周築牆。契丹軍想衝過這些尖木頭牆，卻因牆內飛射而出的箭矢，死傷不計其數。

當救援部隊接近幽州時，契丹軍已擺好陣勢等候。

李存審命令主力部隊繞到契丹軍的後方潛伏待命。而讓戰力較弱的部隊拖著材薪前進，並在地面的草上放火。隨著部隊的前進，煙霧與灰塵瀰漫空中，契丹軍無法判斷對方的兵力而慌張地命令出擊。

這時，潛伏的主力部隊突然發動攻擊，徹底擊退契丹軍。殘存的契丹軍於是紛紛逃竄。結果契丹軍的俘擄、死者共達一萬多人。終於解除了幽州受困的危機。（『資治通鑑』後梁均王貞明三年）

＊與本文類似者有『六韜』〈戰步〉「步兵與車騎戰……必依丘陵險阻……令我士卒為行馬木蒺蔾」。

【解說】

日本天正三年（西元一五七五）五月二十一日的長條之戰，是著名的利用防禦柵欄防堵騎兵的突擊，而獲得勝利的戰例。

武田勝瀨所率領的騎兵團是自信玄以來武田軍所擅長的戰法，亦即運用其機動力與突擊力，一口氣瓦解敵軍的戰法，面臨此戰。

面對武田軍的集團騎兵戰法，位於設樂原的連子川西岸的織田信長、德川家康聯軍的對策，則是架設一道長達二公里的三重阻馬柵欄。

武田軍所採取的作戰方式是長驅丘陵而下渡過連子川，一口氣突破柵欄擊退織田、德川聯軍。但是，織田信長在柵欄後方安置三千的鐵砲隊。當時火繩鎗的缺點是發射時耗時過久，為了克服這個缺點將鐵砲隊分成三隊，採接續發砲的劃期性戰術。

織田信長的新戰術使武田勝瀨的騎馬軍團慘遭敗北，是日本史上極著名的戰例。

6 騎戰——以場所調配用兵

凡騎兵與步兵戰者，若遇山林險阻陂澤之地，疾行急去，是必敗之地，勿得與戰。欲戰者，須得平易之地，進退無礙，戰則必勝。法曰，易地則用騎。

【文 意】

騎兵與步兵交戰時，若遇山陵、傾斜地、沼澤等險峻地形時，應迅速遠離該戰場。對騎兵而言，這乃是必敗之地，決不可戀戰。若騎兵與步兵交戰應選平坦之地，藉此才能進退自如，戰必得勝。

兵法有言：「若為平坦之地則用騎兵。」

【戰 例】

西元九一〇年時當五代十國的後梁，晉王李存勗（後來的後唐莊宗皇帝），出兵救援割據河北的同盟勢力，與後梁軍在距離柏鄉（河北省柏鄉）僅只五里的地方對峙，李存勗把晉軍聚集在野河（槐河的別名）的北岸。

當時晉軍的兵力稀少而王景仁所率領的後梁軍兵力龐大。不過，其中精銳並不多。

一見後梁軍龐大的軍勢，晉軍人心惶惶，武將周德威察覺部下的惶恐，於是說：「敵等乃是街坊商家之子，只是虛有其表並無實質內涵。輕易即能將之擊潰。」

接著，周德威為了向晉王李存勗陳述作戰戰略，要求晉見。

李存勗說：

「我軍行軍千里之遙，又無援軍。在此只能速戰速決，若能趁敵軍尚未察覺我軍兵力稀少之際，發動迅速的突擊，必有勝算。」

周德威卻反駁說：

「此言差矣！後梁軍所擅長的是固守城堡，而不精野戰。我軍若想得勝必須利用騎兵。然而若非平坦而寬廣之地，則無法發揮騎兵之力。當今我軍位於河畔與敵陣相接，處於此勢無法十足發揮我軍的機能。」

李存勗聞此言大為不快，忿然退入帳內。晉軍中無人敢再向李存勗陳述意見。

周德威向李存勗的軍師張承業解釋狀況說：

「王是因為我不贊成出擊而發怒。但是，我並非膽怯。我軍兵力稀少又過於接近敵陣，敵軍與我軍只一河之隔，若後梁軍備舟筏渡河，我軍將毫無勝算。此時應撤退至高邑（河北省柏鄉之北），誘導敵軍遠離陣地，當敵軍來到寬廣之地，若能運用騎兵迅速亂其陣營，即可能獲得成功。」

張承業走進李存勗的幕帳如此說：

「周德威懂得用兵，我覺得不應忽視周德威的意見……。」

李存勗突然從寢台飛躍而起說：

「朕也正思考周德威的意見。」

不久，後梁軍的間諜被捕。周德威詢問說：

「王景仁正在做什麼？」

俘虜回答說：

「製造數百艘船準備搭一座浮橋。」

周德威押著俘虜覲見李存勗。

聽了狀況的李存勗笑著說：

「果然不出你所意料啊！」

於是立即將大軍撤退到高邑。

隔天早上李存勗出動三百騎兵到王景仁的陣營挑釁。同時，周德威親自率領三千精銳跟在騎兵之後。

王景仁以為時機已到發動全軍出擊。周德威與後梁軍連番戰鬥，一口氣就退下數十里，終於誘導後梁軍來到高邑南方。

晉軍與後梁對峙。後梁的士兵橫據六～七里之廣。

李存勗騎馬登上丘陵遠眺兩軍的部陣，心喜地說：

「草地茂盛的平地，進退自如。此乃我軍必勝之地。」

於是傳令周德威，命令：

「與敵軍決戰！」

周德威回答：

「後梁軍竟然輕率地追擊我軍到此地。後梁軍的追擊太過於急躁，一定無暇準備糧食。即使攜帶糧食也顧不得炊事，不到午時人馬會因飢渴難耐而開始撤退。屆時再給予追擊必定大獲全勝。」

午後三時左右，在後梁軍陣營東方終於冒出土煙，出現撤退的跡象。

周德威命令全軍突擊，結果後梁軍大敗四處遁逃。（『舊五代史』周德威傳）

＊與本文類似者有『六韜』〈戰騎〉「地平而易，四面見敵，車騎陷之，敵人必亂。」

【解　說】

五代十國的後梁開平五年（西元九一一年）晉軍（以後的後唐）與後梁軍在柏鄉之戰可說是慎選地形、利用騎兵而獲得勝利的典型戰例。

根據『舊五代史』的記載，王景仁所率領的後梁軍總數八萬，在兵力上遠勝晉軍。

而兵力處於劣勢的晉軍以騎兵為主體。

騎兵雖擅長突擊，其機動力卻顯著地受地形影響。

因此，周德威的策略是誘導以軍勢為後盾的後梁軍到平原，利用騎兵一決勝負。

7 舟戰——佔據河川上游乃為上策

凡與敵戰於江湖之間，必有舟楫。須居上風上流。上風者，順風，用火以焚之。上流者，隨勢，使戰艦以衝之，則戰無不勝。法曰，欲戰者，無迎水流。

【文　意】

與敵軍在川、湖等進行水上作戰時，必須使我軍的戰船位於上風或上流。位於上風可藉助風勢，向敵艦放火。處於上游則可利用水勢，撞擊敵軍之船而獲得勝利。

兵法有言：「交戰時不可處於河川下游，而迎擊自上游而來的敵軍。」

【戰　例】

紀元前五十五年，春秋時代的吳公子光要討伐楚國，以船進攻長江。

楚國宰相陽匃，以占卜預測戰果，得知結果不詳而反對出戰。

但是，兵部大臣子魚卻說：

「我軍位於上游，利用長江的水勢攻擊而下，何以會有不詳之兆。」

結果楚的水軍與吳的水軍交戰獲得大勝利。（『春秋左傳』昭公十七年）

＊與本文類似者有『孫子』〈行軍篇〉「欲戰者，無附於水而迎客。視生處高，無迎水流。」

【解　說】

戰例的記述雖然簡略，吳楚水軍在長岸（長江流域的安徽省裕溪口一帶）的這場激戰是春秋時代水戰的代表性戰例。

結果處於上游的楚軍利用水勢長趨直入，吳軍慘敗，連象徵王位的大船「余皇」也被劫奪。確實這是利用處於上游的優勢而獲勝的戰例。

另外，利用上風在水戰上獲得大勝利的戰例有『三國志（演義）』中著名的赤壁之戰。

後漢時代末期（西元二〇八年），志在統一天下的魏國曹操，率領大艦隊直逼長江而下。迎戰的吳軍在赤壁（河北省嘉魚附近，地點眾說紛云）與魏軍對峙。曹操雖然擁有強大兵力，但是，其士兵大都是河北出生，不諳水性，個個因暈船而體衰。因此，用鐵鍊栓住船身，船上鋪上木板以防搖晃。看到這種光景，吳軍元帥周瑜採用火攻戰術。

碰巧東南吹來的強風吹襲在長江的江面，吳軍在滿載沾滿油漬的枯枝、枯草的帆船裡點火，往曹操的大艦隊放逐而去。

被鐵鍊栓住的魏軍艦隊，隨即焚燒殆盡。

曹操若能在赤壁之戰獲勝，當時或許就可統一天下。但是，在赤壁之戰慘敗的曹操已無力再度揮軍南下，終而開始了魏、吳、蜀三國鼎立的三國時代。

另外，西元一五八八年英國擊敗西班牙無敵艦隊的阿爾馬達海戰中，英艦隊也是巧妙地繞到上風位置，封鎖無敵艦隊的去路，並用火船偷襲，造成停泊於海洋上的無敵艦隊一陣混亂。這場阿爾馬達海戰之後，英國的勢力就伸展到海上了。

8 車戰——不賴勢眾，直搗敵軍弱點

凡與步騎戰於平原曠野，必須用偏箱鹿角車為方陣，以戰則勝。所謂一則洽力，一則前拒，一則整束部伍也。法曰，廣地則用軍車。

【文意】

步兵與騎兵在平坦之地開戰時，必須利用偏箱車（上有木製屋頂的古代中國兵車）

或鹿角車（前面裝上矛等的古代中國兵車）做成方陣，才能獲致成功。原因之一是可節約自軍的兵力，其二是可將敵軍阻擋在前方，其三是可維持自軍的戰鬥陣形。

兵法有言：「若在寬廣之地必利用戰車。」

【戰　例】

西晉時代（西元二七九年）涼州（甘肅省武威為中心）的守將楊欣與西藏異族的羌族關係惡化。最後因羌族的反亂而被殺。

喪失河西之地後，武帝（司馬炎）非常擔憂，在朝廷上時常長噓短嘆地說：

「有誰能代朕討平賊寇，再創通往涼州之道。」

但是，朝臣無人敢自告奮勇。

這時，馬隆挺身而出諫言：

「皇上若委任臣下，必定立志討平叛賊。」

武帝說：

「若能代朕討平叛賊，當然委任予你。不過，你有何作戰策略？」

「若皇上任命臣下為元帥，請依臣下的戰略。」

「什麼戰略？」

「請讓臣下募集三千精銳，不論其出身與身份，臣下必定率領這些精銳西進，憑皇上的威光將這些叛賊一網打盡。」

武帝採納馬隆的意見，隨即任命馬隆為元帥。

馬隆募集能拉拔三六鈞與四鈞弓的力士，進行實際試驗。一個上午就選拔出三五〇〇人。

馬隆說：

「好了，這就足夠了。」

馬隆率領這些壯士，由西邊渡過溫水（位於甘肅省武威之東的溫井水）。羌族的首領樹機能率領一萬餘士兵迎擊，利用險要地形欲斷絕馬隆軍的進路，或利用快兵想斷絕馬隆軍的退路。

馬隆縱橫運用八陣（古代八種陣形）製做偏箱車，在平地使用鹿角車，狹窄之地則在戰車上架木屋（木製小屋四方有窗，可偵察敵方動向亦可防衛敵軍的攻勢），一邊作戰一邊前進。

馬隆軍每射一箭必定有一名敵軍倒斃，命中率百分之百。戰鬥完畢時，敵兵死傷一千人以上。

當馬隆軍進入武威城時，羌族某些部落的首領們，率領部下一萬多人前來投降。馬隆所殺以及俘擄的羌人多達數萬人。

接著，馬隆又率領一部歸順的羌族展開攻擊，殺了叛軍的首領樹機能等而平定了涼州。（『晉書』馬隆傳）

＊與本文有類似表現者有『李衛公問對』（上）。「……作偏箱車，地廣則用鹿角車營……」

【解　說】

馬隆軍與羌族的涼州之戰，是利用偏箱車、鹿角車與騎兵交戰而獲得勝利的戰例。

馬隆軍的兵力僅只三千五百人，而羌族的兵力則超過一萬人，幾乎是其三倍。兵力相差如此的懸殊卻能獲得勝利，此乃是能精確利用地形及製作陣形的馬隆戰術的得當。同時以當時而言，可謂高科技兵器的偏箱車、鹿角車，與對這些兵器毫無知識的羌族對抗，也有極大的貢獻。

這些高科技兵器確實地阻止羌族只賴其兵力眾多的單獨襲擊，使自軍的損害減至最低，同時增加了羌族的死傷人數。

如原則中所述，馬隆軍所利用的高科技兵器，具有彌補兵力不足的缺點，具有正面防衛敵軍攻擊並守護自軍陣形的效果。

9 信戰——元帥之信義影響戰局

凡與敵戰，士卒踏萬死一生之地，而無悔懼之者，皆信令使然也。上好信以任誠，則下用情而無疑，故戰無不勝。法曰，信則不欺。

【文 意】

與敵軍交戰時，士兵能自動自發勇赴戰場，不畏犧牲，乃是能順從指揮、服從命令的關係。指揮者若有威信，對部下一視同仁，部下對指揮官便會堅信無疑，有戰必定得勝。

兵法有言：「生為元帥者若有威信，必不欺瞞部下。」（『六韜』論將）

【戰 例】

三國時代魏明帝親自率軍攻打蜀漢，一路來到長安（陝西省西安的西北）。這時派遣總元帥司馬懿到前線監督張郃的部隊。同時，暗中派遣精兵三十萬到雍州（陝西省一帶）與涼州（甘肅省一帶），朝劍閣（四川省劍閣縣之北）前進。

當時，蜀漢宰相諸葛亮在祁山（甘肅省禮縣之東北），攜帶旗幟與武器鎮守要害之地。有二成的守備兵輪班的回去故鄉，現有兵力僅有八萬。

當時，魏軍已擺好陣式並在前線開始發動戰鬥。諸葛亮的部下都建議說，敵方兵力過於強大，根本無法與之對敵，應取消兵士的休假，以增加自軍的戰力。

諸葛亮說：

「我指揮士兵首重信義，古人未曾為獲原城之小利而失其信義（得原失信）。休假之兵早已備妥行囊，等待出發之日。而其故鄉妻子也翹首盼望，屈指等待夫君的歸來。如今面臨敵軍壓力，雖渴望多少增加一些兵力，不過，即使因此陷入艱苦奮戰也不能失信於士兵。」

諸葛亮仍然執意讓休假的士兵如期返鄉。結果，休假的士兵們大為感動，紛紛要求留下來併肩作戰，同時也激勵了值班的士兵們。大家互相鼓勵說：

「諸葛亮先生之恩，以死也還不清啊！」

交戰的當天蜀漢的士兵們，個個奮勇爭先衝向敵陣，有以一當十的氣勢。魏元帥張郃戰死、司馬懿臨陣脫逃，蜀漢軍獲得大勝利。

這是因為諸葛亮的信義提高了士兵的士氣所致。（『三國志』蜀書・諸葛亮傳）

【解　說】

諸葛亮（孔明）話中所提的「得原失信」出自『春秋左傳』（僖公二十五年）。

春秋時代（西元前六三五年）晉王文公包圍原城時，向自軍士兵約定三天的期限。

但是，三天過後仍然沒有攻下原城。雖然再不多久就能攻下原城，文公卻遵守約定而讓士兵們返鄉。

對於部下們認為「應再繼續攻城」的諫言，文公回答說：

「信乃國之寶，民之庇所，若得原失信，將何以庇之。亡所滋多矣。」

另外，『六韜』以「勇、智、仁、信、忠」為將領所必要的五個條件。

10 教戰——首先培育核心人材

凡欲興師，必先教戰。三軍之士，素習離合聚散之法，備諳坐作進退之令，使之遇敵，視旌麾以應變，聽金鼓而進退。如此，則戰無不勝。

法曰：以不教民戰，是謂棄之。

【文　意】

準備作戰時首先必須訓練士兵，平日若能訓練全隊士兵做離合集散（散開、集中、密集、分散）的陣形練習，並完全理解坐作進退（停止、開始、前進、退後）的命令，與敵軍交戰時必能隨指揮官所揮動的旗幟變化陣形，順著鉦、鼓的聲音反覆進退。全軍的行動若能齊一，必能戰無不勝。

兵法有言：「驅使未經訓練的士兵作戰等於捨棄人民。因敗北乃自明之理。」（『論語』子路）

【戰　例】

戰國時代魏的名將吳起曾說：

「人是因做辦不到的事而死，做不擅長的事而失敗。用兵也是一樣，用兵時必須給士兵充分的訓練，嚴格地督導其成績。

一人學得戰鬥就該教導十人使其成熟；若十人學成，就該教導百人使其純熟；若百人學成則教導千人使其純熟；若千人學習則教導一萬人使其純熟；一萬人學習之後則教導全軍使其純熟。

同時不隨意浪費戰鬥力，讓自軍處於近處等待遠來的敵軍；讓自軍儘量以安逸狀態等待敵軍疲憊之勢；讓自軍以充裕的食糧等待敵軍的匱乏。

在訓練士兵時，使其採圓形隊伍再更換為方形隊伍；採坐的動作後使其站立；命令其前進再要求其停止；先使士兵往左前進再令其往右行，前進之後接著後退；分散之後接著再集合；全體集合之後再散開。徹底地熟悉隊形後再給予武器。

以上是身為指揮官者應盡的任務。」（『吳子』治兵）

【解　說】

鉦是銅製鈴形的古代樂器，作為停止行軍或使其後退的信號。另外，鼓是指大鼓，作為前進的信號。

提倡一般士兵的訓練，一開始不做全體士兵訓練，而首先訓練核心人物，再做普及訓練。

光憑膽識或力氣並不足以成為優秀的士兵。此外，還必須有培育優秀士兵的教育，吳起時代（西元前四四〇?—三八一年）如此，在近代國家的軍隊中，軍事教育更是重要。

第一次世界大戰中，以擁有強大軍勢的聯合軍為敵，開闢東西兩戰線，交戰長達四年三個月。結果落敗的德國，在戰後依凡爾賽條約廢止了徵兵制，並將陸軍兵力縮減至十萬人。使得德軍無法再擁有戰爭的軍力。

但是，德國陸軍在查克特將軍的指導下，為日後重新整頓軍備做了詳盡的策劃。他們傾出全力培育未來陸軍領導人物的將校。

正因為培育了許多優秀的將校，在希特勒掌握政權的一九三三年的六年後，距離希特勒宣稱重新整頓軍備，復活徵兵制的三五年僅只四年，德國陸軍又坐大成為襲捲歐洲的強大軍力。

與此互為對照的，是第一次大戰後的蘇聯。一九三七年，史達林在蘇聯軍指揮部進行大規模的肅清運動。他槍殺了著名的特哈傑夫斯基將軍等眾多能幹的將校，有的則強制送入收容所。簡直是把蘇聯軍的中堅份子連根拔除。

而在第二次世界大戰，一九四一年德蘇戰開始時，這項肅清運動終於得到報應。蘇聯軍對德軍的閃電作戰束手無策，一再地慘遭敗北。使慌張的史達林趕緊從收容所釋放的眾多將校，受命為防衛祖國而熱血沸騰的這些將校，在前線指揮作戰之後，蘇聯好不容易才重振雄風。

11 眾戰——強大兵力未必有利

凡戰，若我眾敵寡，不可戰於險阻之間。須要平易寬廣之地。聞鼓則進，聞金則止，無有不勝。

法曰，用眾進止。

【文　意】

作戰時，若自軍兵力強大而敵軍兵力薄弱時，絕不可在險要地勢或場所交戰。必須選擇平坦而寬廣之地。同時士兵要能依大鼓前進，聽鉦則止，則戰無不勝。

兵法有言：「指揮大軍時，應進則進，不應進則停止，行動整齊畫一。」（『司馬

法』用眾）

【戰　例】

東晉太元十八年（三八三年）前秦皇帝苻堅率領大軍南下屯駐壽陽（安徽省壽縣）。苻堅所率的前秦軍與謝玄所率的東晉軍隔著淝水（安徽省准河的支流）對峙。

謝玄派遣使者到前秦軍內對苻堅之弟——前線指揮官苻融說：

「貴軍目前侵略我東晉領土，隔河布陣相對，此乃意圖持久戰。但是，何不速戰速決。若貴軍能從淝水往後撤退允許我軍渡河，過河後就一決勝負吧。」

聽聞此言的前秦軍將官們異口同聲的說：

「千萬不可捨棄淝水這天然要塞，而且我軍的兵力遠勝東晉軍，對我軍而言這是有利的戰勢。」

但是，皇帝苻堅卻認為：「我軍暫且撤退，待東晉車橫渡淝水之際，再以數十萬鐵騎軍攻擊，即能一網打盡。」

弟弟苻融也贊成苻堅的意見。

前秦軍向東晉軍表示同意後便開始撤退。

但是，才一撤退前秦軍的士兵們即陷入大混亂，出乎意料地個個開始逃亡。

看到這種狀況，謝玄等率領精銳東晉軍八千人強行渡過淝水，而謝石所率的東晉軍部隊，隨即擊破前秦軍的前衛部隊。謝玄等所率領的東晉軍主力隨即進擊，在淝水南岸與前秦軍交戰，前秦軍終於慘遭敗北。（『晉書』謝玄傳）

【解　說】

俗話說：「大軍無關卡」，意指面臨大軍關卡也沒有用。另外，有句成語說「寡不敵眾」。兩軍作戰時，兵力眾多較為有利。

西元三八三年，史上著名的淝水之戰中，前秦軍號稱擁有百萬大軍，而與之應戰的東晉軍兵力只有其十分之一。那麼，在兵力上處於壓倒性優勢的前秦軍，何以如此簡單地落敗？

給三國時代劃下休止符，統一中國的西晉在西元三一六年滅亡後，直到西元五八一年，隋再度統一天下，這期間中國都處於分裂的狀況。

滅亡的西晉有部分遁逃到南方在建康（南京）建立東晉。而在北方則有五個異族交替地抗爭與建國。這就是五胡十六國時代。

五胡十六國中，由西藏系的氐族所建立的前秦（建都於長安），在皇帝苻堅的治事下，國勢變得強大，除了揚子江以北的中國都被納入版圖外，還趁其霸勢欲一統中國而不時地威脅東晉。

當前秦皇帝苻堅決定遠征東晉時，許多臣下都認為雖然前秦能統一中國北部，但因天下一統的時機尚早而反對。所以，遠征東晉是苻堅的一意孤行。

前秦苻堅雖然號稱有百萬大軍，事實上許多士兵是受制異族支配下的漢民族，是被強制遣往戰場的人，士氣並不高昂。相對地，與之對敵的東晉兵力雖然薄弱，卻面臨自己的國家東晉生死存亡的危機，個個士氣高昂。

在這種狀況下，兩軍隔著淝水對峙。

東晉軍的元帥謝玄明白以雙方懸殊的兵力做正式的會戰一定毫無勝算。因此，他設計讓徒有龐大兵力卻未必步調一致的前秦軍混亂，再伺機發動突擊的戰略。

擁有強大兵力的確有利，但是，其先決條件是必須具有整齊劃一的行動，沒有秩序的大軍充其量只是一群烏合之眾。

前秦軍雖然擁有強大的兵力，卻因失去控制而陷入大混亂，結果喪失原本可輕易獲勝的戰果。

據說，當前秦軍開始撤退時，潛入軍隊的東晉間諜們，紛紛謠傳「輸了、輸了！」更加深混亂的場面。

這可以說是謝玄蓄意混亂前秦軍之策奏效了。

據說東晉軍若能趁淝水大勝的餘威繼續追擊，也許可能統一中國。但是，東晉卻滿足於擊退前秦軍而沒有調兵往北進擊。

另外，苻堅苟延殘喘地逃回京都長安後，前秦的勢力自此一蹶不振，中國北方再度陷入分裂抗爭的時代。

12 寡戰——適時得所的作戰最重要

凡戰，若以寡敵眾，必以日暮，或伏於深草，或邀於隘路，戰則必勝。法曰，用少者務隘。

【文　意】

兵力稀少與擁有強大兵力之敵作戰時，若能利用日落黃昏或藏匿於茂密叢林，利用險要山勢進行作戰，則戰無不勝。

兵法有言：「率小部隊的元帥應在狹窄之地作戰。」（『吳子』應變）

【戰　例】

南北朝時代，西魏大統三年（西元五三七年），東魏武將高歡率領大軍渡過黃河，直逼西魏的華州（陝西省大荔縣的中心）。

華州的西魏軍據城堅守，屢攻不下的高歡軍，只好率領東魏軍渡過洛水（陝西省洛水），朝許原（陝西省大荔縣的西北）的西邊前進。

這時，西魏命武將宇文泰率軍應戰。

宇文泰率領西魏到達渭南（陝西省渭南縣）。照理說是時各州援兵應當聚集前來，卻遲遲不見援軍，部下進言說：

「以目前稀少的兵力無法與東魏之大軍對抗，不如讓東魏軍深入我國境內後，再等待攻擊的機會。」

宇文泰說：

「倘若東魏軍攻至咸陽（陝西省涇陽縣）民心必定動搖。東魏軍才侵犯我國，勝負尚未分曉。這時應立即給予反擊。」

然後命令士兵們準備三天份的糧食，搭建浮橋，讓輕騎兵渡過渭水，並讓補給部隊通過渭水兩岸做輸送的工作。

十月，西魏軍來到與位於沙宛（陝西省大荔縣之南）的東魏軍相隔六十里之地，高歡立即率領東魏軍發動攻擊。

宇文泰接到偵察兵傳來東魏軍將要襲擊的報告後，齊集部下招開作戰會議。

部下李弼建議說：

「敵軍兵力眾多，我軍兵力薄弱，根本無法與之對抗。距此十里之東是渭曲（陝西省大荔縣東南），乃絕好場所，我們就在該地埋伏等待敵軍來襲。」

宇文泰採納這番建議後隨即拔師往渭曲，背對渭水成東西向佈陣。並命令李弼在右翼，趙貴在左翼指揮。故意擺出稀少的兵力，而讓大部份的士兵攜帶武器藏匿在川邊的蘆草中，命令他們一聽大鼓之聲立刻群起攻擊。

當晚，東魏軍到達渭曲，一看西魏軍的兵力稀少，就亂了隊形，爭先恐後地進攻而來，兩軍先鋒開始了戰鬥。

這時，宇文泰擊起大鼓，西魏軍的伏兵一聽鼓聲，立即衝出草中開始攻擊。當于謹率領援軍趕到的同時，李弼所率領的鐵騎兵從側面突擊，使東魏軍一分為二，終於獲得大勝利。（『北史』周太祖本紀）

【解　說】

日本永祿三年（西元一五六〇）五月十九日的桶狹間之戰，是以少數兵力擊破強大兵力的戰例。

當時，金川義元所率領的兵力雖然號稱四萬，實際上約有二萬五千人左右。相對地織田信長手下只有大約二千人的兵力，兵力相差十幾倍。

這時，織田信長所採取的是抱定必死的決心，對金川義元的本陣做偷襲。

當時，碰巧下了一場驚人的豪雨，這對熟知當地地理環境的信長非常有利。同時，進攻三河之後，早已攻下兩座城池的戰績也造成義元軍的輕忽。

行軍途中在桶狹間休憩的義元軍，結果就在信長軍的襲擊下而瓦解。在這場戰役中，金川義原也戰死了，織田信長獲得壓倒性的勝利。

不過，織田信長最了不起的是，沒有對這場勝戰過於自滿，在其後戰役中他不再採用利用小兵力的奇襲法，而經常準備比敵軍更強大的兵力應戰。亦即利用正攻法一再地獲得勝利。

13 愛戰——指揮官提高部下士氣的「愛」

凡與敵戰，士卒寧進死，而不肯退生者，皆將恩惠使然也。三軍知在上之人愛我如子之至，則我愛上也如父之極。故陷危亡之地，而無不願死以報上之德。法曰，視民如愛子，故可與之俱死。

【文　意】

與敵軍作戰時，士兵勇往進擊絕不後退，乃是指揮官平日關愛士兵所致。士兵若知道指揮官照顧自己彷佛自己的孩子時，會有如對父母一樣地仰慕，即使碰到激戰也不畏犧牲，而此乃是向指揮官表達忠誠的機會。

兵法有言：「對士兵若能像疼愛自己的孩子般地關愛，士兵就能與之生死與共。」

【戰　例】

戰國時代魏的武將吳起與最下級的士兵共餐，穿著同樣衣服。躺臥時也不特別鋪坐席，外出時既不乘車、馬，還親自扛糧包，與士兵同甘共苦。

碰到身上長膿瘡的士兵，吳起會親自用口去為他吸取膿汁。聽聞此事，士兵的母親大為感動。

某人問其母親說：

「令郎只不過是一介兵卒，吳起將軍卻親自為令郎吸取膿汁，您為何如此傷悲。」

士兵的母親回答說：

「從前我兒的父親長膿瘡時，吳起將軍也為他吸取膿汁。我兒的父親大為感激，作戰時一馬當元毫不畏懼因而戰死。現在，聽說吳起將軍為我兒吸取膿瘡上的膿汁，我一想到不久將要戰死，教我如何不傷悲。」

魏王文侯看見吳起擅長管理軍務，對自己嚴苛卻待人公平，在士兵間威信極高，於是命令吳起鎮守西河（陝西省黃河以西之地）。

吳起率領魏軍與敵軍交戰七十六回，其中獲勝六十四回。（『史記』孫子・吳起列傳）

＊與本文類似有『孫子』（地形篇）。「視卒如愛子，故可與之俱死。」

【解　說】

戰國時代名將吳起一點也不故作威嚴，因其有能與最低層士兵共分勞苦的氣度，而加深與部下之間的一體感。同時提高了部下的士氣。

西元一九九一年的波斯灣戰爭，其分秒間的狀況在國際各電視網同步轉播，可謂史無前例，而在這場戰役中聞名世界的將官是美國中央司令．華薛瓦魯茲可夫將軍。各位應當還記得這位促成多國部隊大勝的指揮官，不論在士兵面前或召開記者會的場合，身上所穿的都是戰鬥服。

在德州大學教授經營管理的傑姆斯．歐斯金教授認為，薛瓦魯茲可夫將軍穿著戰鬥服可以縮短與低層士兵間的距離，製造與士兵的一體感。

在日本的工廠，廠長與一般工人穿著一般的制服，董事長或高級主管與一般職員在職員餐廳裡共用午餐的光景等，被列為是舉世聞名的日本式經營實例。這些日本經營制度或習慣，也具有製造管理階層與一般職員的一體感，以及提高職員士氣的效果。

但是，在另一方面隆美爾元帥的戰例卻也是不容忘記的。

德軍的隆美爾元帥（一八九一～一九四四年）在第二次世界大戰的北非戰車戰中表現出卓越的戰術，被聯合國稱為「沙漠之狐」。另一方面也被稱為「士兵將軍」，與士兵們在同樣嚴苛的生活條件下生活，這位隆美爾元帥的氣質、嚴以待己的態度，深得士兵的支持與尊敬。然而卻造成他的健康惡化，在重要的愛爾．阿拉玫茵戰役（一九四二年十—十一月）的初期，因療病而離開戰場，造成指揮官不在場的狀態也是事實。

14 威戰——具備使部下信服的威嚴

凡與敵戰，士卒前進而不敢退後，是畏我而不畏敵也。若敢退而不敢進者，是畏敵而不畏我也。將使士卒赴湯蹈火而不違者，是威嚴使然也。法曰，威克厥愛允濟。

【文　意】

與敵軍交戰時，士兵之所以前進而不後退，乃是畏懼自軍的統帥而不畏敵軍。即使命令士兵赴湯蹈火也能執行該命令，乃是因為統帥具有威嚴，而規律嚴謹的關係。

兵法有言：「威嚴若能勝過姑息之愛，戰必成功。」

【戰　例】

春秋時代，齊景公在位時，晉軍攻打齊的阿（山東省陽谷之東北）與甄（山東省鄄城之北），燕軍侵犯黃河的南岸地帶，迎擊的齊軍敗北，齊公憂慮事態嚴重。

宰相晏嬰向景公推薦司馬穰苴後說：

「司馬穰苴雖是名門田氏的妾室所生之子，卻是文能服人武能脅敵的人物。若陛下願意可親自確認。」

景公召喚司馬穰苴與之談論兵法，大為賞識而拔擢為將軍。

司馬穰苴奉令要率軍與晉、燕軍作戰時對景公說：

「我本身份低微，雖蒙賞識拔擢為將軍，尚無法取信於士兵，也未獲人民的信賴。因此，還欠缺聲望與權威。能否請景公推舉平日極為信賴又受人民愛戴的人物擔任軍隊的監督？」

景公認為此願乃理所當然，於是便命令寵臣莊賈與之同行。

司馬穰苴向景公辭行之後與莊賈約定在翌日正午於軍營會見。

翌日，司馬穰苴老早就到軍營，擺著日時鐘與水時鐘等待莊賈的到來。

莊賈生性傲慢，這時他認為只要有將軍鎮守軍營，充當監督的自己，並無匆忙的必要，而與親戚好友舉行送別會，在宴席中飲了酒。

到了正午莊賈還未出現，司馬穰苴於是倒放日時鐘、啟動水時鐘的水計時，而開始進行閱兵與訓示。一切完畢後才看見莊賈姍姍來遲。

司馬穰苴說：

「為何不依時來營？」

莊賈回答說：

「對不起，因親戚好友為我送行而來晚了。」

司馬穰苴說：

「身為將者接獲軍令之日開始即應忘記家事，對大軍發號施令則忘記親情骨肉，敲打出擊大鼓時已經渾然忘我。當今敵軍深入侵犯我國土，國內一陣騷動，士兵們在邊境餐風露宿，君主景公徹夜難眠，內心憂慮已食不知味。因為天下百姓的性命掌握在君主的手中。在此國難當頭、人心惶惶之際，何以作興設宴送別呢？」

說完後召喚衛兵前來詢問。

「軍法上對延誤時辰者該如何處置啊？」

「斬首。」

莊賈惶恐事態嚴重，命令待者趕緊向景公求援。

但是，司馬穰苴在待者還未返回之時即處決莊賈，告示全軍做為訓戒。士兵們各個膽顫心驚。

不久，景公的使者帶回赦免莊賈的御令，駕著馬車衝進軍營。司馬穰苴對景公的使者說：

「身為將者處於軍中，礙難聽從君主之令。」

隨即面向衛兵詢問：「軍營之中是不允許駕馬闖進的。而今這位使者駕著馬車闖進軍營。軍法上又該如何處置？」

「斬首。」

使者恐怖萬分。

司馬穰苴說：「不可殺君主之使者。」說完之後隨即砍殺馬車夫與左側之馬，告示全軍。差回使者向景公報告的同時，命令大軍出發。

司馬穰苴對士兵的宿舍、水井、爐灶、飲食及疾病、醫藥諸事設想週到，同時，把將軍的配給全部分給士兵，甚至將自己的飲食與士兵中最為虛弱的士兵的份量相比。到了第三天，士兵的士氣判若兩人似地高昂。連生病者也自願從軍，爭先恐後地趕往戰場。

晉軍得知齊軍士氣高昂後開始撤退，燕軍也渡過黃河後退。司馬穰苴追擊撤退的兩軍，終於奪回被佔領的土地凱旋而歸。（『史記』司馬穰苴列傳）

＊『李衛公問對』（中）是出自『尚書（書經）』的引用。

【解說】

剛與晉、燕軍交戰落敗的齊軍，士氣當然低沉。在這樣的狀況下，司馬穰苴出任齊軍的統帥。如果新任元帥是名將、猛將倒無所謂，而司馬穰苴卻是一般士兵中默默無名的人物。

因此，司馬穰苴所採取的是藉處判莊賈以向全軍示威的作戰方略。即使莊賈當時沒有遲到，司馬穰苴也會找到缺失給予嚴刑重罰吧。

而被利用的莊賈，正是上好的犧牲者，為了向士兵宣示連君主的寵臣也敢斬首的威信，無論如何必須處罰莊賈。

同時，一旦確立「威信」之後，司馬穰苴轉而對士兵表達「關愛」。他可以說是利用蜜糖與皮鞭掌握了士兵的心。

另外，戰例中司馬穰苴所說：「身為將者處於軍中礙難聽從君主之令。」這是在中國的史書中武將經常掛在嘴上的台詞。不過，這乃是古代君主與大軍統帥之間的關係。若在以文明統治為原則的近代民主主義國家的軍隊中，這可說是反叛行為了。

在韓戰（一九五〇～五三）中，盟軍最高統帥麥克阿瑟將軍為了打開因中共軍隊介入而變成不利的戰局，主張對中國東北部的基地進行砲擊。這完全是軍事上的判斷。但是，基於避免與中共造成全面戰爭的政治判斷，當時的美國總統杜魯門，毫不容情地將二次大戰的英雄麥克阿瑟元帥解任。

而與此對照的，可說是擅自加入第二次世界大戰戰局的日本兵。

一九三一年，滿州當地的日本軍無視於若槻禮次郎內閣的戰鬥不擴大方針，挑起滿州事變。同樣在一九三七年當地的日本軍又不管近衛文麿內閣的不擴大方針，引發蘆溝橋事變，終於演變為中日戰爭，甚至發展為太平洋戰爭，日本軍部的一意孤行，使日本被逼到窮途末路，落得慘敗的結局。

15 賞戰——獎賞有功者

凡高城深池，矢石繁下，士卒爭先登，白刃始合，士卒爭先赴者，必誘之以重賞，則敵無不克焉。法曰，重賞之下，必有勇夫。

【文 意】

縱行有銅牆鐵壁、深圳大壕，頭頂上飛箭、滾石紛落，士兵們能爭先恐後的攻打敵城，即使短兵相接的肉搏戰，士兵們爭相闖入敵陣，這全是因為有優厚的獎賞。若能獎賞有功者，與敵軍交戰戰無不勝。

兵法有言：「重利獎賞之下，必然有勇敢的士兵。」（『三略』上略）

【戰 例】

後漢時代末期，曹操（三國時代魏的建國者）在戰爭中攻下城堡或城鎮，獲得金銀財寶時，必定獎賞在該戰爭中有功勞者。對於值得獎賞的有功者，毫不吝嗇給予重賞。

相反的，對於無功又貪求獎賞者，分文不給。

正因為能徹底地對有功者獎賞，曹操軍才能每戰必勝。（『三國志』魏書・武帝記）

【解　說】

古時候認為，戰勝時在佔領地從事掠奪暴行乃是勝利者的權力。

即使到現在仍存在著這種現象。一九九〇年侵佔科威特的伊拉克士兵，在侵佔地大肆掠奪的情形舉世聞名。但是，近代國家的軍隊原則上禁止掠奪等暴行。提高士氣的獎賞是動章、升級及休假。

法國的著名勳章弩耳動章是拿破崙所制定的。其目的也是要提高國民兵的士氣。日本的金雞動章、蘇聯的列寧動章、德國的鐵十字動章及騎士十字章，都是非常聞名。另外，美國則以亂發動章聞名。

在升級方面，第二次世界大戰中在德國開戰時仍是上校的隆美爾，在極短的期間即升級為總司令。而在美國，開戰時仍是上校的艾森豪，戰爭結束時已經升級為總司令。而在日本，軍隊所重視的是年功序列制，即使獲頒重大的動章也無法像美國或德國那樣急速地平步青雲。唯一的例外是戰死者，譬如轄屬特攻隊的軍人戰死後，可進級二階。在日本對死者的待遇遠比生還者優厚。

另外，在休假方面，歐洲各國的軍隊從第一次世界大戰時開始，對前線的士兵給予一年二週的休假，同時允許其返鄉探親。另外，在歐美的軍隊，對於戰場上立下汗馬功勞的士兵，給予特別休假。戰敗國的德國也是一樣，甚至在顯現敗戰的跡象時，也恪遵著這個休假制度。

唯一例外的是日本軍隊。既無休假制度，對於立功者也沒有給予特別休假。雖然部分海軍，可由艦長給予特別功勞休假，到了戰時卻是有名無實。也許對軍隊休假的毫無關心和現在處於勞動過剩的社會中心的日本人的面貌，在本質上是一樣的吧。

16 罰戰——失敗應立即嚴懲

凡戰，使士卒遇敵敢進而不敢退，退一寸者，必懲之以重刑。故可以取勝也。法曰，罰不遷列。

【文意】

交戰時，士兵勇往敵陣而不後退，那是因為後退一步即會受到嚴厲的處罰。在這種情況下必可獲得勝利。

【戰例】

兵法中說：「處罰應即刻實行。」（『司馬法』〈天子之義〉）

隋朝大將軍楊素整軍極為嚴格，若有違反軍法者隨即給予處刑，絕對不循私。當時要與敵軍作戰時，就處刑違背軍法者，多者達一百餘人，少也會有數十人遭斬首，即使眼前一片血海，楊素卻依然談笑風聲。

與敵軍作戰時，首先命令三百人部隊前往突擊，若攻陷敵陣則平安無事，反之失敗生還者，則無論人數多寡全部處刑。

然後再命令二～三百名士兵前往突擊，失敗生還者則和前次一樣全部處刑。這時全軍的士兵個個膽顫心驚，而能抱定必死的決心與敵軍作戰。

由於一有失敗即刻施予嚴懲，所以，楊素所率領的軍隊才能戰必獲勝。（『隋書』〈楊素傳〉）

【解　說】

第二次大戰中敗北的日軍，其組織上的缺陷被認為是信賞必罰的制度，尤其是必罰的不徹底。由於人事上延續著傳統的年功序列制及人情主義，同時過程勝於結果，以及意圖或士氣等無形的精神成為評價的對象，個人的責任曖昧不明，無法實行「罰戰」。

即使到了現在，在許多日本的組織中仍然可見這種傾向。也許這可以說是日本人的癖性。當然，這也並非一無是處，有些日本企業的家族主義也有其好的一面，只是，在戰爭中其壞的一面極為顯著地表露出來。

日軍在尼泊爾的作戰雖然遭到慘敗，但是，對於強硬主張者牟田口司令官的責任追究，最後也不了了之。而日本海軍在地中海海戰的完全失敗，機動部隊的指揮官南雲長官、草鹿參謀長不但不被追究，而且還獲得「報仇」的機會，被允許以責任者的身份參與下次的作戰。

17 主戰——在本國領域作戰應鞏固城堡斷絕敵軍的補給

凡戰，若彼為客，我為主，不可輕戰。為吾兵安，士卒顧家，當集人聚谷，保城備險，絕其糧道。彼挑戰不得，轉輸不至。候其困弊擊之，必勝。法曰，自戰其地為散地。

【文　意】

作戰時敵軍若攻向我方來時是客軍，我方固守城堡應戰時是主軍。這時千萬不可輕率出擊。應命令自軍的士兵下定決心固守城池，讓人民在城內避難，儲備糧食、守護城堡，紮實地防衛要害之地，斷絕敵軍的補給路線。這麼一來，即使敵軍前來挑釁也無法戰鬥，慢慢地就斷絕補給。當敵軍顯出疲憊之態，因補給的困乏感到痛苦時，再發動攻擊必獲勝利。

兵法中說：「在自己本土內作戰時，稱為散地，所謂散地是士兵逃散之地。」（『尉繚子』〈九地篇〉）

【戰　例】

南北朝時代西元三九七年，北魏武帝（拓跋珪）親率大軍侵入後燕，攻打慕容德（後來建立南燕）的居城鄴城（河南省安陽東北方）。但是，第一次的攻擊失敗，北魏軍撤軍而歸。

看到北魏軍撤退，慕容德打算進一步反擊，但是，臣下韓諄諫言說：

「臣聽說古人在作戰前總會先在廟堂演練作戰然後才開戰。我認為出兵之前應該先對我軍與敵軍的狀況做一番分析。當今不可攻擊北魏軍的理由有四，而我軍不應輕率妄動的理由有三。」

慕容德說：

「理由何在？」

「魏軍現在深入我國境內，在野戰上自有其利。這是不可攻擊北魏軍的理由之一。北魏現今侵進我國國都，若不抱定必死的決心應戰將全軍覆沒，換言之，我軍已被迫處於死地。這是理由之二。北魏軍第一次攻擊失敗，現在早已重新整頓態勢，這是理由之三。北魏軍兵力強大而我軍兵力稀少，這是理由之四。相對地，我後燕軍被迫在本土內應戰，士兵一有狀況隨即逃亡。這是我後燕軍不可輕舉妄動的理由之一。當與敵軍作戰時若無法獲得勝利，士兵的士氣會立即低落。這是理由之二。而且，城壁、溝壕的準備未完畢，還沒有迎戰北魏軍侵略的戰爭準備。此乃理由之三。以上所陳述的理由都是軍法家所忌諱之處。我認為此時此刻應固守城土，等待敵軍的匱乏與疲憊。北魏軍從千里之遙遠征而來，當斷絕補給，近處又無可掠奪之物，數日一過全軍的消耗將更嚴重。若伺機等待北魏軍內部產生動搖再攻擊必獲勝利。」

慕容德聽完說：

「好吧，你的戰略簡直可媲美漢朝名參謀張良、陳平之策。」

慕容德聽從韓諄的諫言，立志固守燕城，面對敵軍的挑釁也不輕率迎敵。不久，北魏軍內部產生抗爭。趁此機會慕容德命令後燕群起攻擊，終於大敗北魏軍而獲得燕城防衛戰的勝利。（『晉書』〈慕容德記〉）

【解說】

主與客乃是中國古代的軍事用語，在本國國土內作戰之軍稱為主軍，在他國作戰之軍稱為客軍。有關客軍會在次項「客戰」中敘述。

原則中所引用『孫子』中的「散地」，是指「士兵逃散之地」或「諸侯在自己國土內作戰稱為散地」，同時「在散地中絕對不可作戰」。

換言之，在散地的作戰對自軍的士兵而言，由於是在本國內作戰，很容易因情況不妙即逃亡自己的故鄉。因此，絕對不可輕率地在散地迎敵作戰，而要聚集士兵在城堡要塞內以鞏固防衛。除了可預防自軍的逃亡，還可等待敵軍疲憊與補給的匱乏。

古代的軍隊最下級的士兵是強行編入部隊的農民，常會臨陣脫逃。戰場若是在遠離故鄉的敵地，逃亡也無以無生，而橫越敵國境內返鄉也非常困難。但是，若在自己國內作戰，安全逃亡返鄉的勝算極大。

另外，在戰爭中一般認為防衛比攻擊更為有利。而有所謂防衛並非消極性的作戰。克勞傑維茲的『戰爭論』中有這樣的論述：

「一般而言，戰爭的防衛、策略性的防衛絕非性的等待或停止攻擊。因此，並非絕對性的被動，而是相對性的被動，多少含有攻擊性的原理。」

對深入敵人境內的軍隊而言，最重要的問題是補給。

擊退拿破崙遠征的蘇聯軍，以及擊退納粹德軍入侵的蘇聯軍的戰法，可說是「主戰」的絕好戰例。

尤其是一八一二年面對拿破崙的侵略之際，蘇聯軍甚至燒首都莫斯科，徹底地阻撓進入莫斯科的拿破崙軍的補給。然後等到冬天的來臨，看準連冬服也沒準備的拿破崙的疲勞和匱乏，發動反擊徹底地打敗拿破崙軍。

18 客戰——在敵地必須有不撤退的覺悟

凡戰，若彼為主，我為客，唯務深入。深入，則為主者不能勝也。謂客在重地，主在散地故耳。

法曰，深入則專。

【文意】

作戰時，若敵軍是固守陣營的主軍，我方是進攻敵地的客軍時，最重要的是如打地樁一樣地深入佔領敵地。這麼一來，可以使主軍的防衛線露出破碇。因為客軍佔據重地（重要據點）而主軍處於散地（在本國境內士兵容易逃亡的土地）。

兵法有言：「越深入敵地，士兵越團結。」（『孫子』九地篇）

【戰例】

西元前二〇四年，漢初名將韓信與張耳共率數萬大軍往東朝井陘（河北省井陘的西北、越過太行山通往河北平原的軍事要塞）前進，想要攻打趙國。

趙王歇與成安君陳余聽聞漢軍來襲，召集二十萬大軍封鎖井陘的入口。廣武君李左車對成安君陳余說：

「聽說漢軍元帥韓信曾率兵渡過黃河捕捉魏王及夏說，最近把閼與（山西省和順）一帶化成血海。現在得到張耳的援軍正要攻佔趙國。韓信之軍乘勝追擊，在遠離祖國之地作戰，其威勢之猛根本無法與之正面作戰。但是，兵法有言：『若從千里之遙運送糧食，乃是士兵已出現飢餓，若有聚集枯柴枯枝炊飯的跡象，是表示部隊無法裹腹。』通往井陘之道車輛無法並排而行，騎馬也無法列隊前進。況且漢軍已行軍數百里，糧食當然位於後方。請借我奇襲部隊三萬人，我將抄小路斷絕漢軍的補給路線。請將軍依深壕高牆為後盾固守陣營，千萬不要城應戰。如此一來，漢軍既無法作戰也不能撤退。若因我方突擊部隊斷絕其進路，在曠野中又無法掠奪物資時，不出十日漢軍元帥韓信與張耳之首就在眼前了。請採用我的作戰策略，否則必將成為漢軍的俘虜。」

但是，喜歡正面攻擊的成安君陳余不表贊同地說：

「據兵法上說，十倍包圍、二倍應戰。韓信之軍雖號稱數萬，實際兵力並不多。況且已行軍千里，如今各個疲憊不堪。若依將軍之計躲開正面攻擊，當大軍來襲之際將何以為戰?這種戰法只會被群雄恥笑為膽小怯敵，將來必會導致敵軍的全面攻擊。」

結果，沒有採用廣武君李左車的戰略。

另一方面，經由間諜得知廣武君李左車的戰略不會採用的韓信，毅然決然地率領大軍前進，在與井陘相距三十里（約四十公里）之地布陣野營。

深夜，挑選二千輕騎兵，讓各人持紅旗抄小道挨進趙城。並事先命令他們說：「敵軍若見我軍敗走，必傾城而出追擊。這時，你們就進入城內拔取趙旗，插上我漢軍的紅旗。」

接著，又派出一萬大軍先發部隊背川布陣。

隔天早上，韓信親率主力軍從井陘出擊，趙軍也開城迎擊，兩軍隨即展開一場激烈戰鬥。韓信與張耳見時機恰當便命令大軍撤退，逃入事先在岸邊埋伏的部隊處。

趙軍見漢軍敗走，連城內守衛軍也出動追擊。但是，背川布陣的漢軍已無退路，各個抱著必死的決心應戰並且撐住戰局。

此時，二千名埋伏等候的奇襲部隊，潛伏入趙軍城內對調戰旗。

趙軍一見漢軍的紅旗飄揚在自己城內，隨即陷入混亂。

漢軍於是趁亂夾擊，趙軍不敵而降服，成安君陳余戰死，趙王歇成為俘虜。（『史記』進陰侯列傳）

【解　說】

在敵地作戰的「客軍」與在本國內作戰的「主軍」最鮮明的對照，四周被包圍時士兵會變得更為團結。

在井陘之戰尤為著名的是，韓信事先命令背川布陣的戰法。

當漢軍與趙軍作戰獲得大勝之後，部下問韓信說：
「兵法中說，以山或丘陵為右和後，以川河沼澤為前和左。但是，這次的作戰，將軍卻反常地背川布陣而且獲得勝利。這到底是怎麼一回事？」
韓信回答說：「這是故意將諸君逼入窮途末路的死地，以誘使各位抱定必死的決心而發揮渾身的力氣。」
這段小插曲正是成語「背水一戰」的由來。
另外，厭惡襲擊敵軍補給路線而喜好堂堂正正作戰，結果慘遭敗北的趙軍成安君陳余的下場，令人想起「宋襄之仁」的成語（參照39「先戰」的解說）。

19 強戰——偶而故意造成對方的疏忽

凡與敵戰，若我眾強，可偽示怯弱以誘之。敵必輕來與我戰。吾以銳卒擊之，其軍必敗。
法曰，能而示之不能。

【文　意】

與敵軍作戰時，若我方兵力強大，應佯裝兵力薄弱以誘導敵軍來襲。當敵軍妄下判斷攻擊時，立即以主力應戰必能使敵軍慘敗。

兵法有言：「縱然兵力強大也應向敵軍示弱。」（『孫子』始計篇）

【戰 例】

戰國時代，趙武將李牧奉令在代（山西省代縣之西北）的雁門鎮守，以防止遊牧民族匈奴的侵襲。可自由行使權力無須上級的許可，因應狀況可任意用人，同時，從市場所徵的稅收全部都投入軍用。

李牧讓士兵們三餐食肉，訓練士兵騎馬射箭，注意狼煙，大量運用間諜，對士兵的起居生活相當禮遇。不過卻嚴格命令說：

「若匈奴來襲必須趕緊聚集家畜躲入城內。若有人抗命俘虜匈奴必定斬首示眾。」每當匈奴來襲時，立即升起狼煙發佈情報，躲入城內從不應戰。

這種狀況持續數年，人畜無所傷害。但是，匈奴把一直躲在城內不出戰的李牧恥笑為膽小者，趙的士兵也認為統帥是害怕作戰的懦弱者。

趙王雖然命令李牧作戰，李牧的方針卻一直不改。按耐不住的趙王於是將李牧免職由他人代任。

經過一年，每次匈奴來襲即應戰，卻屢戰屢敗，因而人畜受害極大，結果邊境地帶無法農耕及畜牧。

趙王再度懇請李牧擔任邊境之職。但是，李牧卻房門深鎖足不出戶，裝病請辭。不過，終於接受趙王的再三懇求，李牧說：

「如果無論如何要臣下擔任此職，請讓臣下依從前的方式應戰。否則，臣下無法擔此大任。」

趙王答應李牧的要求。

李牧到邊境上任後又採取以往的方針。其後數年匈奴沒有任何斬獲，卻仍然鄙視李牧是位膽小者。

在邊境守衛的趙國士兵們，每天受到相當的禮遇而不必上戰場，慢慢地任何人都興起要與匈奴一決生死的決心。李牧看到時機成熟就精選戰車一千三百輛、馬匹一萬三千隻、英勇士兵五萬人，再加上強弓射手十萬人，率領這些人進行演習。

有一天，李牧命令人民大規模的放牧，人與家畜遍布原野。看到此景的匈奴立即來侵襲，應戰的李牧佯裝敗北丟下數千人後撤退。

匈奴的首領聽聞此事立刻率領大軍進擊。李牧布下異乎尋常的陣行，大軍左右如鳥翼般地展開，由側面攻擊匈奴，大破匈奴並斬殺騎兵十萬餘人。匈奴的首領好不容易才保住一命逃亡。之後的十數年間匈奴再也不敢逼進趙國的邊境一步。（『史記』廉頗・藺相如列傳）

【解　說】

西元前二一六年，世界戰爭史上相當聞名的坎內戰役，就是大膽地使用先教中央部隊詐敗再從兩翼包圍殲滅敵軍的戰例，對以後的戰役造成極大的影響。第一次世界大戰的德國所採用的休利費計劃，據說也是以坎內戰役為藍本。而一九一四年德軍大勝蘇聯軍的坦尼堡戰役也使用這個包圍戰術。

李牧利用詐敗以引誘匈奴的入侵，其後再發動大軍從側面展開攻擊的戰法，與坎內戰役頗為類似。李牧是死於西元前二二九年，由此可見，大約在同時期東西方產生了類似的戰法。

西元前二六四～一四六年間，羅馬與迦太基之間的第二次戰爭（Punic Wars），率領迦太基軍的漢尼勃爾在義大利南部的坎內與羅馬軍對戰。

迦太基軍僅有步兵四萬及騎兵一萬，而羅馬軍卻有步兵八萬、騎兵六千。羅馬軍的兵力約迦基太軍的兩倍處於絕對性的優勢。

兩軍的布陣都是以步兵為中央、兩翼由騎兵鞏固的傳統陣形。但是，漢尼勃爾卻將陣形巧妙地改變為凸形。將自軍中最薄弱的依斯巴尼亞及迦利亞的步兵安排在突擊陣營中的突出位置，直接對羅馬軍展開正面攻擊。

當戰鬥開始時，突擊部隊隨即瓦解潰敗。聲勢龐大的羅馬軍立即闖進攻擊。但是，一回神時羅馬軍才發現兩翼已被呈凹形的強勁迦太基步兵所包圍住了。

這時，待命於迦太基軍兩翼的迦太基騎兵，繞到羅馬軍的後方堵住其後路，完成了包圍網。落入陷阱的羅馬軍，其優勢的眾多兵力反而變成不利的包袱，在重重包圍下動彈不得而慘遭敗北。

在崁內戰役中羅馬軍戰死者高達五萬到七萬，而迦太基軍只六千名傷亡。迦太基軍在這場戰役中獲得壓倒性的勝利。

20　弱戰——欺敵後應盡速行動

凡戰，若敵眾我寡，敵強我弱，須多設旌旗，倍增火竈，非強於敵，使彼莫能測我眾寡，強弱之勢，則敵必不輕與我戰。我可速去，則全軍遠害。法曰，強弱形也。

【文　意】

與敵軍作戰時，若敵軍兵力多而強勁，自軍兵力少而弱時，應多用旗幟，倍增炊事的爐灶，向敵軍誇示軍勢的強大。如此，敵軍則難以判斷對陣軍隊兵力的強弱，自然也不敢輕舉妄動。這時若能迅速地撤退則能保住全軍的安全。

兵法有言：「軍之強弱乃取決於旌旗、金鼓、號令是否整齊一致。」（『孫子』兵勢篇）

【戰　例】

西元一一五年，後漢時代西藏的羌族造反，將武都（甘肅省成縣）夷為平地。為了鎮壓羌族的叛亂，具有武將氣度的虞詡被任命為武都的統帥。

當虞詡前往武都赴任的途中，附近一帶的羌族聚集數千人，想在陳倉（陝西省寶雞市之西）的大散關給予襲擊。這時，虞詡所率領的士兵為數甚為稀少。

當虞詡得知羌族尚未做好攻擊的準備的情報時，立即命令一排士兵在途中紮營並大聲的說：

「我將請求京城支援救兵，在援軍前來之前不可出發。」

聽聞此事的羌族認為時候尚早，於是分散地在附近村落擄掠。

當虞詡確定羌族的勢力分散之後，突然命令士兵出發，不分晝夜地趕路。同時，命令士兵每人做兩個爐灶，同時每日增加二倍。

結果羌族沒有侵犯虞詡一行人，而虞詡也平安無事地到達上任的武都。

途中，一名部下詢問虞詡說：

「我聽說過孫臏減少灶數而欺敵的故事，然而我們一再地增加灶數，同時，兵法上說『行軍一日不過三十里』，我們一日已經前進二百里。其中原故何在？」

虞詡回答說：

「羌族士兵多而我軍稀少，羌族若見我軍炊事的灶爐日日增加，必定以為援軍已經陸續趕到。當部隊兵力增多而行軍變快時，羌族其追擊的意願必然動搖。孫臏是以減少灶數佯裝兵力的減少，而我則是增加灶數謊稱兵力的增大，這乃是因為所處的環境不同罷了。」（『後漢書』虞詡傳）

【解　說】

戰例中孫臏減少灶數以欺敵的戰略，請參照「30知戰」。

戰例中所出現的距離單位「里」，在後漢時代一里大約相當於現在的四百公尺。而孫子的戰國時代一里相當於三百五十公尺。

另外，行軍的速度以拿破崙軍最為有名。據說當時歐洲其它各國的行軍速度一分鐘是八十步，而法軍是一分鐘一百二十步。行軍速度的快速，正是以兵力集中著稱的拿破崙戰術的秘訣。

21 驕戰——讓敵軍產生傲氣

凡敵人強盛，未能必取，須當卑詞厚禮，以驕其志，候其有釁隙可乘，一舉可破。

法曰，卑而驕之。

【文　意】

若敵軍兵力強大，與之正面對敵毫無勝算時，應以謙虛的言詞、恭敬的態度尋求親善。讓敵軍產生傲慢之氣。然後伺機等待敵軍因自大而產生疏忽時，迅速出擊必可將之擊破。

兵法有言：「以卑微的態度令敵軍產生驕氣。」（『孫子』始計篇）

【戰　例】

西元二一九年，後漢時代末期蜀漢武將關羽率軍北上，降服魏武將于禁後，包圍曹操之堂弟曹仁所鎮守的樊（河北省襄樊市的樊城）。

當時，吳國武將呂蒙為了療養疾病，從軍事要地陸口（河北省嘉魚縣之西南、陸水的河口）回到首都建業（南京市）。

途中，會見呂蒙的陸遜詢問說：

「關羽最近所佔領之地與陸口相接，在此緊要關頭敢問統帥，在京都建業若有情況發生該如何處置？」

呂蒙如此回答：

「雖然擔心關羽的動向，無奈病況不佳。」

陸遜說：

「關羽本是極為有自信之人，如今又連戰皆捷，必然志得意滿而產生傲慢之氣。同時，如果再聽聞呂蒙將軍有病在身，必定掉以輕心。在此之時若能趁敵軍的疏忽發動攻擊，我想可能捕捉關羽。在京都會見孫權時可否向其諫言？」

但是，呂蒙說：

「關羽乃勇猛之武將，平日已經是難以對付的勁敵，如今又佔領荊州，再加上這次的勝利更助長了其威勢，千萬不可小看他。」

說完後便往京城出發。孫權召見呂蒙詢問說：

「有誰能替代有病在身的你呢？」

呂蒙如此的回答：

「陸遜深謀遠慮又具軍事才能，足以託負重任。陸遜的意見值得採行。同時，其名聲不大，關羽幾乎不對他設防，因此，沒有比陸遜更適合的人材。

若將軍要命令陸遜代理斂職，應命令其小心隱藏意圖，充分地偵察敵軍狀況，等候時機再發動攻擊。」

孫權立即任命陸遜為呂蒙的後繼者。

當陸遜前往陸口任職時，隨即捎一封信給關羽。

「貴軍的動態早受矚目，將軍運兵之巧與輝煌的功勳不僅給敵國帶來威脅，也是同盟國的一股強大支柱。屢戰屢勝，不久的將來一定能完成一統天下的霸業。此番來陸口赴任的我，對於閣下真是感到敬佩。今後懇請多方指導。」

書信中接著還這麼說：

「傳聞在最近的戰鬥中，閣下將魏的武將于禁俘虜。閣下的功勳和以往的晉文公的城濮之戰及韓信擊破趙國之役，幾可相提並論了。據說在魏國統率步兵與騎兵的新任元帥徐晃，獨瞻仰閣下的旗幟。但是，魏的曹操生性狡猾，如今對閣下必然懷著報復的野心。當然，魏根本無法與閣下對敵。不過，古人有言大勝之後心必生隙，兵法中也說到勝利之後必加強警戒，希望閣下不要疏忽對魏的警戒心。我對兵法乃門外漢，不過，何德何能竟有幸能在緊鄰閣下之地赴任，特修此書聊表心意。」

關羽接到這封書後，對那充滿謙遜的文句大為滿意，於是對吳國覺得放心而完全怠忽了警戒之心。因此，陸遜才能順利地偵察關羽軍的軍情並向孫權做報告。

孫權檢討報告後，暗中派遣大軍，命令陸遜與呂蒙展開奇襲攻擊。

果然吳國軍隊不久即佔領了公安（湖北省公安縣之西北、油水的河口）與南郡（湖北省江陵的中心）。（『三國志』吳書・陸遜傳）

【解　說】

第二次大戰前夕的一九三九年八月，希特勒與史達林締結德蘇互不侵犯條約，給全世界帶來極大的衝擊。

德國因為這個條約使蘇聯鄰界的東側獲得了安全的保證，而可避免與在西側的法國作戰時陷入二面作戰的危機。蘇聯的打算是利用德國牽制法國、英國，在東歐坐收漁翁之利。彼此各懷鬼胎，而且互不侵犯條約也使雙方可大放其心。

根據這個條約所簽訂的秘密協定書，德國與蘇聯在同年九月侵略波蘭、瓜分佔領波蘭。德國與蘇聯在東歐聯合分贓，表面上保持友好的關係。但是，希特勒虎視耽耽地覬覦侵略蘇聯的機會。

一九四一年六月二十二日終於開始了巴爾巴羅莎作戰。德軍三百萬大軍一舉越過邊境進逼蘇聯，蘇聯連首都莫斯科也遭受威脅，情況就如歷史上所示，是被逼到窮途末路的境地。

22 交戰——與敵之鄰國建立邦交

凡與敵戰，傍與鄰國，當卑詞厚賂結之，以為己援。若我攻敵人之前，彼掎其後，則敵人必敗。

法曰，衢地則合交。

【文　意】

與敵軍交戰之際，應對敵之鄰國克盡禮儀，互通往來，以仰賴其做後方支援。若我方從正面攻擊敵軍時，邦交國若能在敵軍後方給予牽制，必能迫使敵軍敗北。

兵法有言：「處於各國相關的要衝之地，首先必須與各國建立友好關係。」（『孫子』九地篇）

【戰　例】

西元二一九年，後漢時代末期，蜀漢武將關羽包圍由魏武將曹仁鎮守的樊城（湖北省襄樊市）。魏國命令武將于禁率軍前往支援。

碰巧漢水漲潮，關羽利用水軍攻擊，俘擄于禁以下的步兵與騎兵三萬餘人到江陵（湖北省江陵）。

這時，魏曹操挾持獻帝到許昌。但是，曹操認為許昌過於接近蜀國的勢力範圍，於是把獻帝移往河北，計劃遷都於該地。

部下司馬懿對曹操說：

「于禁之軍巧遇洪水無法動彈而成為俘虜，絕非在戰鬥中失敗，對魏的將來毫無影響。若在此際遷都等於是向敵人示弱，同時，會造成准、沔（河南、陝西、安徽、江蘇省等）的人心動搖。吳孫權與蜀漢劉備在表面上是友好關係，其實互相敵視對方。當今關羽立下豐功偉業正值得意，孫權內心必定感到不安，若能與孫權取得聯絡牽制蜀漢的後方，自然能解決樊城的圍城之困。」

曹操聽從司馬懿的建言，立即派遣使者到吳國與孫權締結友好關係。

孫權命令呂蒙由西側攻打蜀漢的要地公安（湖北省公安縣之西北）與南郡（以湖省江陵為中心），終於佔領這兩城。

看到這個景況，關羽停止包圍樊城，率領大軍撤退。（『晉書』宣帝紀）

【解　說】

敵人之敵正是我方的戰友。

在第二次大戰中，英國、美國拉攏蘇聯進入聯合國，與共同之敵德軍作戰便是屬於這個戰例。

第二次大戰開戰後，英、法聯軍因為德軍的閃電作戰而大敗。一九四〇年五～六月由坦格爾克撤退到英國本土。聯軍可說是被德軍從歐洲大陸驅逐出境。

後來在一九四一年六月，德軍開始侵略蘇聯。從那時之後，蘇聯已成敵軍之敵而為聯合國的戰友，而且是非常強勁的戰友。美國也參與的聯合軍在一九四四年六月雖然登上了諾曼地，但是，在歐洲大陸和德軍戰鬥的只有蘇聯軍。

為了拉攏蘇聯軍成為聯合國的戰友，持續與德軍作戰。美國給與蘇聯極為龐大的軍援，美軍援助蘇聯戰鬥機九四三八架、中型坦克四九五七輛以及總計一六五八萬七千噸的物資支援。

但是，蘇聯與聯合軍之間的友好關係只持續在德日聯軍等共通之敵存在的期間。

正如歷史所示，一九四五年五月德國投降，八月日本投降而結束第二次大戰後，美蘇隨即陷入冷戰。

23 形戰——使敵軍分散並集中自軍的兵力

凡與敵戰，若彼眾多，則設虛形以分其勢，彼不敢不分兵以備我。敵勢既分，其兵必寡。我專為一，其卒自眾。以眾擊寡，無有不勝。

法曰，形人而我無形。

【文　意】

與敵軍作戰之際，若敵軍兵力比我軍強大時，應製造虛形給予牽制，使敵軍兵力分散。敵軍兵力分散後，各部兵力就減小。我方則集中兵力使兵力增大。聚集強大兵力攻擊兵力分散的小兵力必獲勝利。

兵法有言：「使敵軍呈現明顯軍情，我方則故意消滅軍形，使敵軍無從察覺。」（『孫子』虛實篇）

【戰　例】

後漢時代末期，建安五年（西元二〇〇年），曹操軍與袁紹軍隔著官渡（河南省中牟之東北、黃河的渡口）對峙。

二月，袁紹派遣部下顏良等，攻擊由曹操的部下劉延所鎮守的白馬（河南省滑縣之東）。同時，袁紹本身也親率大軍到達黎陽（河南省浚縣之東北、黃河北岸）準備渡過黃河。

四月，曹操北上想要救援在白馬的劉延，軍師荀攸說：

「當今我軍兵力稀少無法與之對敵。但是，若能將敵軍兵力分割為二則可能獲勝。如將軍只要到延津（河南縣汲縣之東、黃河的渡口）佯裝要渡過黃河攻打敵軍的背後。如此一來，袁紹必定帶領大軍往西邊應戰。其後，趁敵軍不備時再出動輕騎兵奇襲白馬。將可以逮捕敵將顏良。」

曹操採用了這個戰術。

果然袁紹聽聞曹操率軍渡過黃河，立即分出部分兵力往西應戰。這時，曹操率軍迅速地進擊白馬，在距離白馬十里之地，顏良察覺事態不妙才趕緊應戰。

曹操命令部下張遼與關羽打先鋒，擊潰顏良之軍。顏良戰死，終於解開白馬受圍之困。（『三國志』魏書・武帝紀）

【解說】

克勞傑維茲在『戰爭論』中說：

「兵勢比敵方處於優勢時，無論是在戰術上或戰略上是獲得勝利的基本原理。」

同時也如此地記載：

「總而言之，以兵勢處於優勢所造成的結論是——在決定性的地點上必須儘量以多數的軍隊參與戰鬥。這時，這支軍隊是否足夠並不是問題。總而言之，在手段允許的範圍內，應儘量在決定性的地點上使用多數的軍力。這是戰略的第一原則。」

換言之，兵力的多寡並非取決於絕對性的人數，而是相對性的優劣差別。促使敵軍兵力分散而在決定性的地點或時機中集中自軍的兵力，即可實現相對於敵軍的大兵力。

戰例中的荀攸戰法，是利用曹操的延津渡河的「虛形」以分散具有大兵力的敵人。而以相對性的大兵力集中於決定性的地點而獲得勝利，可謂「形戰」的絕好例子。

24 勢戰——配合形勢最為重要

凡戰，所謂勢者，乘勢也。因敵有破滅之勢，則我從而迫之，其軍必潰。法曰，困勢破之。

【文　意】

戰爭中所謂的「勢」，是指能巧妙地利用形勢的意思。若能趁敵軍內部的矛盾或混亂，利用其滅亡之形勢而給予攻擊，必能大敗敵軍。

兵法有言：「因敵軍之形勢而給予擊破。」（『三略』上略）

【戰　例】

結束三國時代的魏而建立晉（西晉）的武帝司馬炎，為統一天下暗中擬計劃要平定吳，但是，眾多臣下都持反對意見，只有羊祜、杜預、張華與武帝的意見一致。

大臣羊祜因病臥倒，推舉杜預代理己職。後來羊祜死去，杜預被任命為統帥，掌握荊州（湖北、湖南兩省。包括河南、貴州、廣東、廣州的一部份）的軍事大權。

杜預就任後即整頓軍備、訓練士兵，然後從中選拔精銳奇襲吳軍張政所鎮守的西陵（湖北省黃岡之西北）大敗吳軍。並要求武帝確立討伐吳國的出征日。

武帝回答說等來年再大舉進擊。但是，杜預向武帝遞呈建言書說：

「凡事都應以利害的比較做決定。有關對吳的討伐作戰，勝算乃十之八九。不利之點只有一、二點，若按兵不動絕無法獲得勝利。大臣們認為我軍可能敗北，此乃毫無根據之論，由於他們與作戰毫無關係，當然於成功時的功績無緣。同時，為了迴避失敗時的責任而言不由衷。有一則故事說從前後漢宣帝與十位大臣在討論討伐羌族叛亂的方法時，最初贊成趙充國意見的大臣只有三人，但是，途中則增為五成，最後變成十人中有八人表示贊同，宣帝處罰了最初的反對者。這是為統一意見的手段。入秋之後，攻擊吳的形勢已成，若再猶豫不決，如果吳國皇帝孫皓警戒而遷都武昌（湖北省鄂城），同時可能固守江南（長江下游一帶）的城堡並遷移住民。如此一來，不但難以攻佔城堡，更難以從佔領之地獲得財物。並且，若讓吳在夏口（湖北省武漢的對岸）集中大型戰艦，來年的進擊計劃將成泡影。」

杜預的諫書到達之時，碰巧武帝與張華對坐下棋。張華按下棋子催促武帝下決斷地說：

「以陛下的英明武勳，再加上我國的國力，消滅吳孫皓的惡政與暴虐乃舉手之勞。」

武帝終於答應遠征吳國。

杜預立即將大軍聚集在江陵。同時，命令部下周旨、伍巢在深夜率領軍隊搭船向樂鄉（河北省江陵之西南）偷襲。晉國旗幟、旗印滿天飄揚，又在巴山（湖北省宜都之東南）放火等，在吳國的戰略據點出擊，圖謀人心動搖。而且在戰役中俘擄了吳軍統帥孫歆。

當平定長江上游後，湘江以南的交、廣（廣西、廣東的大部份）二州及其他多數州郡都聞風披靡紛紛降服。

杜預以武帝的名義散發保障人身安全的文書，以求安定人心。

並且召集部下舉行作戰會議，一名部下說：

「雖然吳已衰微，然而卻是將近一百年歷史的大國。而且正處於夏暑時期，也是洪水氾濫的時期，恐怕有傳染病擴大之危。我認為何不等到冬季再一舉給予攻擊。」

杜預回答說：

「從前，戰國時代燕的名將樂毅在濟西一戰（西元前二八四年）中打敗了超級強國的齊。如今我軍已乘勝追擊到此地，彷彿破竹之勢，一旦剖開竹節一、二目，其後只要憑刀刃之勢即能輕易剖開。絲毫不必費力。」

接著向部下指示作戰方針後，率領大軍一氣進逼吳都建業（江蘇省南京）。途中果然沒有任何抵抗。

結果，西元二八〇年，吳國終於滅亡。由晉（西晉）完成天下一統的大業。（『晉書』杜預傳）

【解說】

不只是作戰，舉凡所有事務都決定於「勢」，若能趁勢進擊，凡事都能順利達成。若過於慎重考慮，可能失去難得的良機。

杜預所重視的是西晉的威勢，利用其勢展開破竹般的進擊戰法。

25 晝戰——利用迷彩與偽裝

凡與敵晝戰，須多設旌旗以爲疑兵。使敵莫能測其眾寡，則勝。

法曰，晝戰多旌旗。

【文　意】

白晝與敵軍作戰時，要高舉多數的旗幟做偽裝，讓敵軍無法正確掌握我軍兵力的強弱，必可獲勝。

兵法有言：「白晝之戰應多利用旗幟。」（『孫子』軍爭篇）

【戰　例】

春秋時代，西元前五五五年，晉王平公率軍攻打齊國。

齊王靈公登上巫山（山東省長清之西南）遠望晉的軍勢。

而晉軍暗中差遣偵察兵在山或沼澤等軍隊無法進入的險要之地，插上晉的旌旗，令人以為在該地早以配置部隊。同時，在戰車方面，命令左列配置真正的戰車，而右列只讓士兵手拿旌旗站在前面。步兵後方由火伕等運柴火升起土煙。

因此，看在從山上眺望的齊靈公眼中，彷彿晉軍早已在山中要地佈置軍隊。同時，集合在平原上的晉軍戰車顯得氣勢龐大。

心生畏懼的齊靈公獨自潛逃回營，接著齊國全軍也打退堂鼓。（『春秋左傳』襄公十八年）

【解　說】

可四處瞭望的地形，尤其是在沙漠中，矇混敵人眼目的迷彩、偽裝的效用極大。可說是「晝戰」的最佳舞台。

代表性的戰例中有第二次世界大戰時的北非沙漠之戰。聯合軍、德軍、義大利軍都採用與沙漠的黃沙同樣顏色的裝備。一九四二年十月，英軍的巴納德・隆特梅尼中將首先對德軍採取奇襲的大攻勢，實行「巴特拉姆作戰」。

這是使實際要由北方發動的攻擊，讓敵軍誤認為攻擊將會來自南方的大規模偽裝工作，經由專門負責偽裝工作的部隊補給給在南方的行動部隊假戰車、卡車及大砲等，甚至還鋪設偽裝的輸油管。同時，真正的戰車、大砲則掩飾為卡車，隱藏在塗上顏色的布塊中北上。這些裝備都巧妙地欺瞞了德軍的空中偵察。

26 夜戰——混亂敵軍的偵察、警戒能力

凡與敵夜戰，須多用火鼓。所以變亂敵之耳目，使其不知所以備我之計，則勝。法曰，夜戰多火鼓。

【文 意】

夜間與敵軍作戰時，若能混淆敵軍耳目，使敵軍難以正確地防備我方的意圖時，必能獲勝。

兵法有言：「夜間作戰應多加利用火及鼓。」（『孫子』軍爭篇）

【戰 例】

春秋時代，西元前四七八年，越軍攻打吳國。

吳出軍應戰，兩軍到笠澤（江蘇省的太湖，太湖東岸的小湖、吳淞江等眾說不一）隔著川水對峙。

越軍暗中撥出部分軍隊到陣營的左右方，一到夜晚忽左忽右鳴起大鼓，揚聲吶喊進軍，令吳軍以為越軍要趁夜由左右給予攻擊。

於是吳軍緊急移動大軍至左右方防衛，但是，深夜中移動大軍當然會造成混亂。這時，越軍的主力便悄悄地渡過河川對吳軍發動正面突擊，吳軍陷入大亂而慘敗。

（『春秋左傳』哀公十七年）

【解　說】

克勞傑維茲在其『戰爭論』中說：「舉凡夜間攻擊，基本上以強化的奇襲為不二戰術。」

多用火及大鼓混淆敵軍耳目，為的是消除敵軍偵察、警戒的能力。

一九九一年波斯灣戰爭的「沙漠風暴」戰役中，在聯合國安理會所決議的伊拉克必須撤出科威特的期限後十八個鐘頭，即十七日黎明（巴格達時間）以美軍為主的多國部隊，決定對伊拉克展開大規模的空炸作戰。而空炸作戰的第一夜，多國部隊的飛機毫髮無傷。

使這個奇跡般的空炸行動完美達成的是在空炸作戰之前，使伊拉克軍早期警戒雷達網失去效力，混淆伊拉克軍的美空軍特殊部隊的活動。

葛雷上校所率領的美空軍第一作戰航空團，利用阿帕契直升機在黑暗的沙漠中低空飛行，奇襲攻擊伊拉克軍的雷達基地，事先在其雷達網開了天窗。

第二章

從備戰到危戰

27 備戰——有備則不敗

凡出師征討，行則備其邀截，止則禦其掩襲，營則防其偷盜，風則恐其火攻。若此設備，有勝而無敗。法曰，有備不敗。

【文　意】

出兵作戰之際，行軍中應防備敵軍的襲擊；休憩時防備敵人的突擊；紮營時防備敵軍的夜襲；風力強大時要警戒敵軍的火攻。有如此充分的戒備則不會敗戰。

兵法有言：「有備則不敗。」（『春秋左傳』宣公十二年）

【戰　例】

西元二三〇年，三國時代的魏向南方的吳國發動大軍到達精湖（江蘇省高郵之北）。

魏軍統率滿寵率領先鋒部隊到最前線，隔著河川跟吳軍對峙。

滿寵命令部下說：

「今晚風力增強，敵軍可能趁強風以火攻偷襲我軍陣營。絕對不可怠慢警戒。」

部下各個心驚膽顫而嚴陣以待。

果然不出所料，當晚吳軍派出十個部隊打算向魏的軍營放火。咥是，滿寵命令事先潛伏的伏兵立即給予擊退。（『三國志』魏書、滿寵傳）

【解　說】

造成第二次大戰中美、日戰爭勝敗的要因之一是情報。開戰前日本在情報戰中便已落敗。其典型戰例是一九四二年六月的地中海之戰。在戰力上處於優勢的日軍本打算利用奇襲戰術，卻反遭美軍的奇襲而落敗。

當時，對日軍的暗號解讀已相當成功的美軍，察覺日軍已暗中準備ＡＦ戰略。只是尚不知道ＡＦ戰略的目標。

因此，便要讓所有可能成為攻擊目標的基地向司令部以電報假裝通報，說有那些地方發生故障。而中途島基地的報告是淡水蒸餾裝置故障。

竊取此不實情報的日本海軍情報部，卻信以為真地立即以無線電通報「ＡＦ戰略淡水不足」。

而再度竊取這通電報的美軍情報部，於是明瞭日本軍暗號的ＡＦ是代表中途島。如此一來，完全掌握日軍中途作戰全貌的美軍，已經備好迎擊日本海軍艦隊的萬全準備，而能從事「備戰」。

28 糧戰——無補給之戰必敗

凡與敵壘相對峙，兩兵勝負未決，有糧則勝。若我之糧道，必須嚴加守護。恐為敵人所抄。若敵人餉道，可分遣銳兵以絕之。敵既無糧，其兵必走，擊之則勝。

法曰，軍無糧食則亡。

【文　意】

與敵軍佈陣對戰勝負未分時，若能獨占糧食則能獲得勝利。自軍的補給路線若無嚴密戒備，恐怕會受敵軍侵襲。反之，若能運用奇襲部隊斷絕敵軍的補給路線，敵軍將因糧食匱乏必定撤退。這時給予攻擊時必獲勝利。

兵法有言：「軍若斷糧必滅亡。」

【戰　例】

西元二〇〇年，後漢時代末期魏曹操在官渡（河南省中牟之東北）與袁紹軍對峙達數月之久。其間雖獲得幾次小型戰鬥的勝利，卻無法因此完成決定性的勝利，兵力日漸稀少，糧食又缺乏，將兵們各個飢疲交加。

十月，袁紹命令淳于瓊等五名部下率領一萬多名的士兵用車輸送米糧。車隊停泊在離袁紹陣營四十里的烏巢（河南省延津之東南）。

這時，袁紹的參謀許攸對袁紹心懷不滿，逃亡投奔曹操。而向曹操諫言說：

「袁紹軍目前有一支運送食糧一萬餘輛的運送糧食的車隊駐紮在烏巢，其中並無嚴密的戒備。這時若能趁敵軍不備，以精銳的部隊而給予迅雷不及掩耳的奇襲，燒毀其備存的食糧，不出三日，袁紹軍將不戰自敗。」

部屬中有多數人懷疑許攸的諫言，認為也許是一項陰謀。不過，曹操聽從荀攸及賈詡的勸告，採用了許攸的作戰計劃。

曹操命令曹洪在陣營留守，親自率領五千名精銳的騎兵和步兵。全軍手持袁紹軍的旗幟，將兵們並口銜竹塊同時用繩綁住馬口，避免發出聲音。深夜抄小路出發，同時，每個士兵各抱一捆柴薪。途中碰到袁紹軍盤查即回答說：「袁紹將軍擔心曹操由後方奇襲，命令我們在後方戒備。」

袁紹軍的警戒兵對這樣的回答深信不疑。

當曹操軍到達儲備食糧的陣地時，立即發動包圍，並在帶來的木柴上放火。大火漫延整個陣地，造成一遍混亂。

攻進陣地的曹操軍大敗袁紹的運輸部隊，將食糧全部燒毀。

得知食糧被燒毀的袁紹則棄軍北逃。（『三國志』魏書・武帝紀）

＊『孫子』（軍爭篇）中有類似說法。「軍無輜重則亡，無糧食則亡，無委積則亡。」

【解說】

歷史上極為著名的官渡之戰（西元二〇〇年），是決定三國時代魏的建國者曹操地位的一場戰役。而最後決定戰鬥長達數月的勝敗關鍵是食糧的問題。

突襲袁紹的儲備食糧陣地——烏巢的這個果敢的行動，雖是間接的戰役，卻決定了雙方的勝敗。

一八一二年拿破崙的莫斯科遠征極為慘敗，而其最關鍵性的敗因也是食糧問題。可說是糧戰的代表性戰例。

拿破崙一直採取「以戰養戰」的戰略進行戰鬥。換言之，是從佔領地中調配食糧。這個方針也是促使法軍能快速行軍的要因。

拿破崙遠征莫斯科之際，照樣採取這個方針，每位士兵只準備兩個禮拜份的食糧，同時，預計蘇聯可能極早降服，所以連冬服也沒有準備。

拿破崙雖然佔領首都莫斯科。但是，撤退的蘇軍在莫斯科放火，碰巧來了一陣強風使莫斯科幾乎燒成廢墟。拿破崙雖然進佔莫斯科卻無法得到任何物資，士兵因此飢寒交迫。而且，當年冬天的寒氣比往年來的早。

拿破崙終於下令撤軍。蘇聯軍見此，馬上對撤退的拿破崙軍採取猛烈的追擊。拿破崙軍飢寒交迫又受到可薩克騎兵的游擊戰，還遭受農民游擊隊的襲擊，一個個地倒斃在蘇聯的大地上。

當年六月，集結在波蘭與蘇聯國境間尼梅河的拿破崙的蘇俄遠征軍，總數達四十四萬人。但是，十二月敗退的拿破崙軍千辛萬苦地回到尼梅河時人數只剩千餘人。

29 導戰——與熟悉地理環境的當地人為戰友

凡與敵戰，山川之夷險、道路之迂直，必用鄉人引而導之，乃知其利，而戰則勝。

法曰，不用鄉導者，不能得地利。

【文　意】

與敵軍作戰之際，在山河險峻之地及平坦之處、曲折的道路等，必定利用當地的嚮導，若能掌握比敵人更有利的地形戰必得勝。

【戰　例】

兵法有言：「若不利用熟悉該地的嚮導則無法取得地利。」（『孫子』〈九地篇〉）

漢武帝在位時，邊境的匈奴每年入侵北部邊境地帶，殺害居民、掠奪財物，受害極大。

元朔五年（西元前一二四）春，武帝命令衛青率領三萬騎兵討伐匈奴。

匈奴的右賢王雖然得知漢軍出戰，卻自傲地以為漢軍不可能來到邊境之地，喝得酩酊大醉而熟睡。當夜，漢軍發動夜襲包圍住右賢王，震驚的右賢王僅帶著一名愛妾及數百騎兵奮力衝出重圍，趁著夜色逃亡到北方。

衛青讓郭成等率領輕騎兵追擊四百餘里卻沒有斬獲，但是，俘擄了右賢王的副將十數人及男女一萬五千人，獲得家畜數十萬頭為戰利品。衛青回到邊境的要塞時，武帝派遣使者當場任命衛青為大將軍。衛青獲得大將軍的稱號，堂堂正正地凱旋歸國。

衛青遠征之所以成功，張騫的信導功勞尤大。

張騫曾任外交使者節，前往大夏途中被匈奴居留十一年，非常熟悉匈奴的內情及西域的地理。正因為有張騫的嚮導，漢軍才能免於水、草之匱乏而成功地討伐匈奴。（『漢書』〈衛青傳〉、〈張騫傳〉）

【解　說】

雖然僱用熟悉地理的嚮導，卻被該嚮導矇騙而慘遭敗北的戰例，有英軍在南非的柯連梭之戰。

十七世紀之後，南非已是荷蘭殖民者的後代布爾（波亞）人的居地，而該地卻遭致英國的覬覦而開始了戰爭。那就是一八九九～一九〇二年的布爾（波亞）戰爭。

當時英軍因擁有最新裝備而佔盡優勢，相較之下，布爾人義勇軍的主要兵器卻只有來福槍，但是，他們卻利用所熟悉的地形使英軍大傷腦筋。

尤其是一九八九年十二月，想渡過柯連梭的土加拉河的英軍，由於信任當地首屈一指的嚮導淺瀨，而被誘導進入土加拉河北部成為彎曲形狀的突出部分。但是，這是布爾人的巧妙陷阱。因為從對岸三個方向可完全清楚地看見位於河川彎曲的英軍。

當布爾人在對岸的丘陵上展開猛烈的射擊時，當地的嚮導早已消失無蹤。

而且，想要渡河的英軍，探明川底埋有帶刺鐵線。結果在河川途中動彈不得的英軍的將兵們，成為布爾狙擊兵的絕好標的。

30 知戰——卡斯塔將軍的敗因

凡興兵伐敵，所戰之地，必預知之。師至之日，能使敵人如期而來，與戰則勝。知戰地、知戰日，則所備者專，所守者固。

法曰，知戰之地、知戰之日，則可千里而會戰。

【文　意】

對敵軍展開攻擊之前，必須對進行戰鬥的場所事前做勘查。當我軍到達戰場時，若能讓敵軍以為他們所渴望的時機，戰必勝利。若能事先知曉作戰之日、作戰之地，即可集中戰力鞏固防衛。

兵法有言：「若能得知與敵軍作戰之場所、作戰之日，即使是在千里之外的地方，也能順利地與敵軍交戰。」（『孫子』〈虛實篇〉）

【戰　例】

西元前三四一年，戰國時代魏與趙聯合攻打韓，陷入苦戰的韓向齊求援。齊為了牽制魏，命田忌率領大軍攻打魏的京城大梁（河南省開封之西北）。聽聞此事的魏軍統帥龐涓，停止對韓的攻擊而匆忙返回魏國。

齊軍早已越過邊界進入魏的屬地。

參謀孫臏向田忌說：

「魏兵以勇猛知名，我認為他們鄙視我齊軍，以為我齊軍膽怯。但是，戰爭仍取決於如何因應對方的形勢，促使我方處於有利的立場，兵法中也說『因利誘而遠赴百里之遙必失大將，因利誘而遠赴五十里之遙只有半數軍力可達』。」

而孫臏進入魏的屬地之後，讓齊軍製作炊事的灶爐十萬個，翌日則減為五萬個，再過一天減為三萬。

率領魏軍追擊而來的龐涓，看見齊軍的灶數在三天裡大為減少後心喜地說：

「我本知齊軍乃膽小之輩，從灶數減少之事看來，我領地的三天裡士兵大半已逃亡無蹤。」

於是留下步兵，只率領較為迅速的輕裝精銳騎兵，一日趕二天的行程追擊齊兵。

另方面，孫臏計算龐涓的路程，估計在黃昏時刻會到達馬陵（河北省大名的東南。另一說是河南省范縣的西南）。馬陵道路狹窄，兩側險峻正是潛藏伏兵的最好場所。

孫臏砍掉一棵大樹的樹幹，在上面用黑墨寫著「龐涓死於此樹下」。

然後挑選擅長射擊的士兵一萬人，帶著弓箭潛伏在道路的兩側。同時命令說：

「黑暗中若見火光接近此棵大樹立刻群起射擊！」

當晚，龐涓率領的魏軍到達馬陵。龐涓發覺一棵大樹的樹幹上似乎寫著文字，正想點火細讀該文字。

龐涓還未讀完其中的字句時，一萬支弓箭群起飛射過來，魏軍陷入一場大混亂。

龐涓了悟自己的智慧不及孫臏，懊悔地說：「終於讓孫臏這小人名揚天下！」隨即自殺。

齊軍在馬陵戰勝後終於擊破魏軍。（『史記』〈孫子・吳起列傳〉）

【解說】

與「知戰」相反的是，對敵軍毫無所知，再加上對自軍自信過甚而造成慘敗的戰例是一八七六年六月，美國的第七騎兵隊被思族酋長克雷基・霍思完全毀滅的「Litl bighorn」之戰。

率領第七騎兵討伐印第安族的隊長卡斯特，對敵軍非常藐視，完全無視於收集到的警戒情報，持續著有勇無謀的行軍。他自詡甚高地認為一千五百名左右的印第安人，若碰到百戰沙場的騎兵隊一定落荒而逃。

但是，事實上思族的戰士人數在其所預測的二倍以上，同時，他們還擁有比騎兵隊所攜帶的史賓槍更優越的武器文契斯特來福槍。而且酋長克雷基・霍思發揮了精湛的戰術指揮。

被思族大軍約一千五百名追逐的第七騎兵隊，以附近一個山丘（目前以卡斯特之丘而聞名）為目標。他們打算在山丘上做成圓陣與思族抗戰以待援軍。但是，當第七騎兵隊朝山丘前進時，克雷基・霍思與約一千五百名思族戰士從山丘奔馳而下。克雷基・霍思早已洞穿第七騎兵隊的戰術。

因此，完全受到包圍的第七騎兵隊的卡斯特及二二五名部下全數戰死。生還者只有稱為可馬基的一匹馬。在此戰役中印第安族的戰死者僅約四十人。

31 斥戰——中途島戰役的教訓

凡行兵之法，斥候爲先。平易用騎，險阻用步。每五人爲甲，人持一白旗，遠則軍前後左右，接續候望。若見賊兵，以次遞轉，告白主將，令衆預爲之備。法曰，以虞待不虞者勝。

【文　意】

行軍之際必須讓偵察部隊先行帶頭。在平原利用騎兵，山地則使用步兵。以五人為單位，個人持信號用的白旗，遠離本隊在前後左右偵察，若發現任何異狀依序傳達其情報。接獲這些報告的統帥即可迅速命令採取戰鬥的態勢。

兵法有言：「準備妥當之後突擊疏忽者即能獲勝。」（『孫子』〈謀攻篇〉）。

【戰　例】

西元前六一年，漢宣帝在位時，羌族一部的先零造反，侵擾邊境的要塞及村落並殺害邊境長官。

這時擔任副將軍之職的趙充國已年過七十歲。漢宣帝認為趙充國年紀過於老邁不適合任職。而差遣使者詢問趙充國，何者為適當的統帥。

「沒有比我更勝任者。」趙充國如此回答。

同時，對於宣帝所提出需要多少兵力的問題回答說：

「百聞不如一見，敵方遠在邊境不得而知。臣請陛下讓臣下飛往金城郡（以甘肅省永靖的西北為中心），調查敵情之後再做戰情報告。依臣下之見，羌族之亂不久必將自滅。請勿須掛慮，任命臣下擔此重任吧。」

「好吧！」宣帝笑著回答說。

趙充國到達金城郡後，準備了一萬騎的兵力。

雖然想立即渡過黃河卻擔心在渡河途中受到攻擊。因此，命令三小隊全體口含枚避免出聲，趁夜暗中渡過黃河。而在天亮之前佈下陣地。

如此一來，全軍平安地渡過黃河。

羌族騎兵大約一百騎兵出現在陣地附近。但是，趙充國說：

「我軍士兵及馬匹體力尚未恢復，不可胡亂追擊。彼等乃為精銳騎兵，而且是蓄意前來誘戰。討伐叛亂時使其全軍覆沒為要。千萬不可為眼前小利所誘。」

然後命令全軍按兵不動。

同時，派遣騎兵到四望陿（青海省樂都縣之西）的狹窄山谷偵察，發現沒有羌族的行蹤，因此，夜晚率領大軍爬上洛都山（青海省樂都之北）。

趙充國召集部下說：

「羌族不懂戰術。以為數千人固守四望陿，我軍可能無法行軍到此地。」

趙充國經常派遣偵察部隊到遠方偵察，在行軍中也不忘戰鬥準備。夜營時做好嚴格的警備，同時重視士兵的生活起居，不輕易戰鬥而以利用計謀擊退敵軍為優先，給敵軍無懈可擊。

如此一來，終於平定了羌族的反亂（『漢書』〈趙充國傳〉）

【解　說】

趙充國所重視的是斥候活動，及利用徹底的「索敵」以早期發現敵人。

「索敵」能力之差，造成勝敗分歧點的戰例中有一九四二年六月的中途島海戰。

當時，由於日本艦隊尚無雷達的裝備，因此，想藉由潛水艦的哨戒行動探知美軍艦隊的動向。而早已搭載在美軍航空母艦上的雷達，已具有探知水平距離一二五海哩（約二三〇公里）以上，垂直距離九千公尺以上的能力。

而且，利用日本軍的暗號解讀已幾乎掌握了中途島作戰全貌的美國，利用長距索敵機迅速地發現日本艦隊的位置，由航空母艦發動砲擊機襲擊日本艦隊的航空母艦。

由於索敵能力之差，南雲中將所率領的日本聯合艦隊，本來打算殲滅美國太平洋艦隊的航空母艦，卻一舉而失去航空母艦四艘、重巡機一艘、及搭載機二五〇架以上，完全地慘敗。而美國方面的損害則只有航空母艦、驅逐艦一艘。

32 澤戰——儘早脫離沼澤

凡出軍行師，或遇沮澤圮毀之地，宜倍道兼行速過，不可稽留也。若不得已與不能出其地，道遠日暮，宿師於其中，必就地形之環龜，都中高四下為圓營，四面受敵。一則防水潦之厄，一則備四圍之寇。

法曰：歷沛圮，堅環龜。

【文　意】

行軍若陷入沼澤地帶或不耐水性之地，應儘早脫離該地形不可停止。若因各種情況無法脫離該地，必須在深夜野營時，必須選擇四面低矮中央突出之環龜地形，佈陣於位置中央，以備四面而來的威脅。這除了可以防洪水、崖崩，也是為了防禦敵軍從周遭前來突襲。

兵法有言：「在沼澤地或容易崩壞之地，應在環龜地形佈陣。」

【戰　例】

唐調露元年（西元六七九），土耳其系遊牧民族突厥的首領阿使德溫傅造反。

朝廷命令大將軍裴行儉率軍前往討伐。唐大軍到達單于都護府（內蒙自治區富富特克市的西南）之北。傍晚早已佈好陣營，周圍也建好了塹壕。

但是，裴行儉突然命令，將兵舍移往高丘上。一名部下詢問說：

「士兵們個個整頓就緒剛鬆了一口氣，如今卻要遷移兵舍，未免太可憐了。」

但是，裴行儉仍然執意遷移兵舍。

當夜，突然颳起強風，雷雨交加，最初所架築的兵舍沈沒在一丈（約三公尺）的水裏。部下不無震驚地問：

「為何知道風雨將要來襲呢？」

裴行儉笑著說：

「今後必須嚴格聽從我的命令。別問我為什麼知道。」（『舊唐書』〈裴行儉傳〉）

＊與本文類似的表現有『司馬法』〈用眾〉「歷沛歷圮，兼舍環龜」。

【解　說】

所謂沛是指沼澤。所謂圮是指道路傾壞之地。所謂環龜是指中央隆起、周圍低矮的地形，也許是自龜甲的聯想。

雖然面臨沼澤的惡劣地形條件，卻膽敢命令步兵攻擊，而遭致慘敗的近代戰例中有第一次大戰時，一九一七年七～十一月第三次伊貝爾之戰。

攻擊位於布魯塞爾的德軍陣地的聯合軍，當時因大雨及法蘭德爾地方特有的排水路的破壞，使戰場變成泥濘之海，雖然已不可能迅速前進，卻執意要突破敵陣而反覆進行步兵攻擊。在雨水及泥地中，士兵們紛紛倒臥在地。聯合軍好不容易佔領了巴山塔拉的小村落，不久即被德軍奪回，結果這場戰役對聯合軍而言毫無意義。而且，聯合軍的死傷人數達三十萬，德軍也損失了二十萬兵力。

另外，在越南戰爭中成為戰場的水田地帶或熱帶雨林，對美軍而言，簡直就是「澤戰」。本來應該儘早脫離這種不利地形，卻完全陷入泥沼之中。

越南的熱帶雨林中生存著一三三種蛇類，其中一三一種是毒蛇。除此之外還有士兵們大感困擾的螞蟻、蛭、蚊等，同時，高溫多濕的氣候及一直處於潮濕中而感染的「戰壕腳」，也讓許多士兵因而衰弱，造成士氣節節下降。

33 爭戰——處於不利地形不可逞強鬥勝

凡與敵戰，若有形勢便利之處，宜爭先據之，以戰則勝。若敵人先至，我不可攻。候其有變則擊之，乃利。

法曰，爭地勿攻。

【文　意】

與敵軍作戰時，若能先佔領有利地形是獲致成功的捷徑。若被敵軍事先佔領有利地形，千萬不可輕率給予攻擊，伺機等待敵軍內部產生變化後再攻擊即可獲勝。

兵法有言：「雙方有利之地若為敵軍所佔領，不可逞強攻擊。」

【戰　例】

三國時代，魏青龍二年（西元二三四），蜀漢諸葛亮率領大軍由斜谷（陝西省眉縣之西南）到藍坑（陝西省眉縣之西、渭水之南）開始屯田。

當時，魏軍元帥司馬懿也在渭水之南屯田。

魏武將郭淮察覺諸葛亮想出兵到北原（陝西省寶雞與眉縣之間、渭水的北岸），而主張首先佔領該地，但是，其他人都不表贊同。

郭淮仍堅持己見而進言說：

「如果諸葛亮渡過渭水進入北原（陝西盆地），在各山配置士兵斷絕通往隴西（甘肅省）的要道，人心必起動搖，會造成對我魏軍不利的事態。」

司馬懿聽從這個意見，同意讓郭淮率領部隊駐屯北原。

郭淮的部隊還未設好城池之時，蜀漢的大軍已前來攻擊，不過，由於已佔領了有利之地，在危急中也能給予擊退。

數日後，諸葛亮之軍開始往西移動。

郭淮的部下個個看見諸葛亮想要攻擊西方而慌張。但是，只有郭淮一人察覺，往西邊移動只是為了分散注意力，諸葛亮的真正目標乃在東邊。

果然不出所料，當天晚上諸葛亮之軍攻擊位於東方的陽遂（陝西省眉縣之西，渭水北岸）。但郭淮早已做好應戰準備，迅速地給予擊退。（『三國志』〈魏書・郭淮傳〉）

＊與本文類似的表現有『孫子』〈九地篇〉「爭地則無攻」。

【解說】

英法的百年戰爭中，以一三四六年八月的克雷西之戰最為著名，同時，這場戰役也是因在有利之地佈戰而使英軍獲勝的「爭戰」的戰例。

一九四六年七月，登陸諾曼第的愛德華三世所率領的英軍，由於命令傳達的出入艦隊早已回國，被迫陷入敵地的形勢。法軍聚集大軍展開攻擊的態勢。

得知法軍備有比自軍更為優勢兵力的愛德華三世，判斷此時此刻唯有在有利之地進行戰鬥別無生存之道，於是選擇了最適合防衛的地形。

英軍沿著橫隔於克雷西村及馬狄克村之間大約一千八百公尺的低矮山勢的背面佈下戰鬥陣形。山背兩端低矮凹陷、前方則呈徐緩坡地連接到平地。同時，後方是茂密的森林。在森林附近聚集補給隊及馬匹，不但容易補給弓箭，在緊急狀況騎士也能逃入茂密森林躲避。

法軍運用傳統騎兵的集團突擊戰法。當戰鬥開始後，從漫長而徐緩的坡地上飛馳而上的法軍騎兵，成為英軍長弓隊的箭靶，個個紛紛倒地。當時英軍所使用的長弓可正確地飛射二五六公尺，同時，弓兵一分鐘可發射十支箭。

法軍試行十五次的突擊後終於敗退。根據記錄，這場戰役英軍的戰死者約一百人，而法軍的戰死者高達一萬人。

34 地戰——地利比天時更重要

凡與敵戰，三軍必要得其地利，則可以寡敵眾、以弱勝強。所謂知敵之可擊，知吾卒之可以擊，而不知地利，勝之半也。此言既知彼又知己，但不得地利之助，則亦不全勝。

法曰，天時不如地利。

【文　意】

與敵軍作戰時能獲得地利，則能以寡敵眾；以弱抗強。即使知敵軍之不利，及我軍之利點而不知地利，只能獲得半面的勝利。

換言之，「知己知彼」而不獲地利，則無法獲得全勝。

兵法有言：「天候、季節之利不及地形之利。」（『尉繚子』戰威）

【戰　例】

西元四〇九年，東晉安帝派遣軍隊攻擊五胡十六國之一的南燕。

南燕皇帝慕容超聚集臣下，協議迎擊東晉軍的對策。

武將公孫五樓說：

「東晉軍強勁，以速戰速決為目標，因此，最初不可正面迎敵。應堅守要塞之地大峴山（山東省沂水縣之北）防止東晉軍的入侵，堅守持久戰，待敵軍士氣低落，再精選精銳騎兵二千人沿海邊南下斷絕東晉的補給線。同時，由段暉率領各州士兵延山側環繞到東，前後夾擊東晉軍乃為上策。若讓各地守軍以其要塞之地固守，必要物資之外全數燒毀，田地之秧苗也全部割取，使入侵者毫無所得。而我軍潛伏在城堡中，使野外無物資可取，等待東晉軍的疲憊、飢餓乃為中策。而東晉軍由大峴山入侵之後，我軍出城迎擊乃為下策。」

皇帝慕容超說：

「京城富庶、人口也眾多，迅速採取戰時的防衛態勢頗為困難。同時，田地遍佈全國，根本無法立即割取秧苗。即使躲避於城堡內並割取秧苗而保全性命，我也不苟同。

我國有國土五州，防衛戰車一萬輛、騎馬一萬匹，縱然東晉軍越過大峴山侵入平原，也要被我精銳之軍予以擊潰。」

武將慕容鎮接著進言說：

「陛下若有此番決心，應在平原地帶每十里之處屯駐軍隊、建造城池、活用騎兵。如此一來，即使大峴山的防守被破，在平原地帶仍能支撐下去。若放棄守衛大峴山必將自滅。從前，成安君由於固守井陘而被韓信所破（參照18「客戰」的戰例）、諸葛瞻因固守馬閣山而被鄧艾所破（參照41「奇戰」的戰例）。天時無法與地利相比。我認為守衛大峴山之地利乃為上策。」

但是，皇帝慕容超仍不聽從，將莒（山東省莒縣）及梁父（山東省泰安之東南）的守衛兵全部撤收，命令其守衛京城。同時聚集精銳兵馬準備與東晉軍決戰。

夏，東晉軍到達東莞（山東省沂水）擺出攻擊臨朐（山東省臨朐縣）的態勢。皇帝慕容超立刻派遣段暉等率領騎兵與步兵五萬防衛臨朐。

但是，東晉軍稍微改變前進路線即越過大峴山。

皇帝慕容超大為狼狽，親率四萬大軍在臨朐與段暉之軍會合以增加兵力而應戰。但是，終於還是敗給東晉軍，最後潛逃到京城的廣固（山東省益都之西北）。

但是，數日後廣固也淪陷。南燕終於在西元四一〇年滅亡。（『晉書』慕同超記）

【解說】

克勞傑維茲在『戰爭論』中，對於地形有下面的敘述。

「土地及地形之所以對軍事行動造成影響，乃是具有三種特性。第一是做為阻礙敵軍接近的障礙物。第二是妨礙展望的障礙物。第三則是消滅火砲射擊效果的掩護手段。而有關土地與地形的所有事項全包括在此三項特性中。」

35 山戰——二〇三高地何以是有利地形

凡與敵戰，或居山林，或居平陸，須居高阜，恃於形勢。順於擊刺，便於奔衝，以戰則勝。

法曰，山上之戰，不仰其高。

【文意】

與敵軍作戰時，不論是在山林或平原，必須使自己軍隊佔居高地。處於高於敵軍之地形，有利於槍、弓的攻擊戰法。確保高地可獲致成功。

兵法有言：「在山地或丘陵地作戰，絕對不可在低地佈陣，而攻打佈陣於高地的敵軍。」

【戰例】

西元前二七〇年，戰國時代秦想攻擊韓，在閼與（山西省和順之西北）佈陣。

趙王召喚武將廉頗說：「是否該給韓援助？」

「路途遙遠而險峻，救援極為困難吧。」廉頗回答說。

趙王又詢問樂乘，其回答和廉頗一樣。

接著又傳喚武將趙奢。趙奢如此回答：

「路途雖遙遠險峻，舉例而言彷彿兩鼠決戰於洞穴中，元帥勇敢者必獲勝。」

於是趙王命令趙奢前往救援。當大軍前進至離首都邯鄲（河北省邯鄲）三十里（約十五公里）時，趙奢停止行軍開始架設防衛陣地，同時，命令將兵說：

「有關軍事之事若有異議者則無命。」

另一方面，得知趙奢之軍將要前來的秦軍，在武安（河北省武安之西南）的西面備陣，訓練士兵以備將來之戰。

趙奢的一名部下進言應立即攻擊武安。但是，趙奢立即將該人處刑，並加強防備，在該地停留二〇八天，沒有進軍的跡象，只一再地加強防衛工作。

秦軍的間諜潛入陣營內。趙奢以豐盛的佳餚款待被捕的間諜並給予赦免。

回到秦軍的間諜一五一十地告訴趙奢軍的狀況後，秦軍的統帥心喜地說：

「若在離京城三十里之處，既不進軍只固守防衛的工作，閼與已如掌中物了。」

趙奢赦免秦的間諜後，為了使全軍身輕手腳俐落，命令士兵脫掉盔甲，捲曲後拿在手上，急忙趕往閼與。兩天一夜即到達。

聽聞此訊的秦軍也全軍往閼與前進。趙奢的部下許歷進言說，想對軍事之策發表意見。趙奢允許。許歷說：

「秦軍不料我軍已到達此地，必洋洋得意前來襲擊。我軍若唯獨集中性之寬大陣形必然敗北。」

「所言甚是。就依你之見。」

「那麼，部下現在即上刑場。」

「待回京都邯鄲再說吧。」

接著，許歷又進言說：

「先佔領位北之山頭者必獲勝，落後者必敗北。」

趙奢採納此意見，於是命令一萬士兵急忙趕往北邊山上。落後到達的秦軍也覬覦北面的山上，想奪取這個有利的地形。然而卻無法攀爬而上。

趙奢發動伺機等待的其他部隊予以攻擊，使秦軍大敗。

秦軍敗走，趙奢之軍完成救援閼與的目的後回國。（『史記』廉頗・蘭相如列傳）

＊與本文類似的表現有『便宜十六策』（治軍）「山陵之戰，不仰其高」。

【解　說】

有關制高亦即佔據高地的問題，克勞傑維茲在『戰爭論』中有下面的敘述。

「制高的戰略性利點其一是對戰術極為有利，其二是敵軍接近困難，其三是展望良好等三項。」

因佔據高地而決定勝敗的戰例，古今中外為數眾多。而最為著名的戰役中，有日俄戰爭時爭奪旅順要塞之戰。在激戰的最後，因為日軍奪得二〇三高地而決定了此役的勝負。

一九〇四年八月十九日至十一月二十六日，乃木希典將軍所率領的日本軍，對蘇聯軍所防禦的旅順要塞，採取步兵由下攻上險峻斜坡面的正面總攻擊戰術。但受阻於蘇聯軍的砲擊、鐵絲網及機關槍，造成了極為龐大的死傷人數，三次的總攻擊全被擊潰。日本軍終於將攻擊目標轉換為攻擊旅順要塞的外圍防衛線二〇三高地。

經過一星期的激戰之後，死傷人數高達一萬人，日本軍在十二月六日早上佔領了二〇三高地。從二〇三高地可眺望旅順港，所覬覦的砲兵隊觀測所終於落入日軍的手中。八日，由於日軍的砲擊，旅順港中蘇俄極東艦隊全數滅亡。翌年一月一日，蘇俄軍的統帥史迪歐爾將軍降伏。

另外，在這場旅順攻防戰中敗北的蘇俄軍死傷人數約三萬人，而獲勝的日本軍卻高達六萬人。占居日俄戰爭死傷人數的三分之一左右，日軍的損傷極大。

36 谷戰──到山地時應在谷川宿營

凡行軍越過山險而陣，必依付山谷。一則利水草，一則付險固，以戰則勝。法曰，絕山依谷。

【文　意】

在山地行軍或宿營時，應選擇在川谷的附近，其一是為了人馬所需的水、草，其二是此險要地形適合防衛。如此一來戰必得勝。

兵法有言：「在戰地行軍時，應沿谷川宿營。」（『孫子』行軍篇）

【戰　例】

西元三七年，後漢時代馬援擔任隴西郡郡長之時。

武都郡（甘肅省武都縣）的羌族的一部──參狼羌與邊境各部族共同侵入殺害了武都郡的長官。

馬援率領四千士兵攻打參狼羌，追擊到氐道縣（甘肅省禮縣的西北）。參狼羌處於山上。馬援不立刻攻擊參狼羌而遠遠地包圍住。同時佔領了水草之地，使敵軍無法取得水、草而不與應戰。

缺乏糧食與水的參狼羌人馬，終於不戰而匱乏。羌族首領率領數十萬戶逃往國境之外，各部族一萬餘人全部投降。

參狼羌雖佔居高地，卻不知沿川谷佈陣之利，終於落敗而逃亡。（『後漢書』馬援傳）

【解　說】

由低地攻打位於高地的敵陣並不容易。最穩當的作法，大概是馬援所採取的包圍封鎖戰吧。

依同樣的戰法攻向處於高地要塞的戰例中有『高盧戰紀』中著名的凱撒所率領的羅馬軍，在紀元前五二年對亞雷西亞的包圍戰。

亞雷西亞海拔四八〇公尺，從平原聳起約一七〇公尺高，塞恩河上游環繞其南北。聚集其中的高盧軍約八萬。

凱撒花費約一個月的時間，在亞雷西亞周圍架設全長二一公里的封鎖線。首先是寬幅六公尺的壕溝，離此壕溝一二〇公尺之外，以二十四公尺的間隔設下櫓木，接著又築防衛柵欄、土壘、逆茂木、壕溝、五列的境界樁木、在百合花型正中央突出的坑口做陷阱。最後在突出的尖端做成露在地表的樁木，徹底地包圍住亞雷西亞。

亞雷西亞的高盧軍漸漸地呈現飢餓之苦，也無法與援軍會合，終於淪陷。

37 攻戰——攻擊才可獲勝

凡戰，所謂攻者，知彼者也。知彼有可破之理，則出兵以攻之，無有不勝。法曰，可勝者，攻也。

【文　意】

作戰時所謂攻是指掌握敵情。若能確實掌握敵軍狀況，確認有十足勝算時再給予攻擊，戰無不勝。

兵法有言：「能戰勝敵軍，乃因給予攻擊。」（『孫子』軍形篇）

【戰　例】

後漢時代末期，魏的曹操任命朱光為盧江郡的郡長，使其在皖（盧江郡的中心、安徽省潛山）屯田，開墾多數稻田。同時，利用間諜與吳屬地的鄱陽郡（江西省波陽為中心）的反叛勢力取得聯繫，唆使造反。

吳武將呂蒙對君主孫權說：

「皖的田地雖然質樸卻是豐收之地。若在稻穗收割之時，魏的人數必增。如此經過數年，魏的勢力穩固已無插手之餘地。臣下認為應儘早給予擊退。」

接著詳細地說明敵情。

聽此番說明後的孫權，立即親率大軍討伐皖。提早出發的軍隊當夜到達皖，當天晚上孫權詢問部下諸將策略。

部下個個勸告，將土壘堆高做成護城。呂蒙說：

「在我軍架築土壘之時，敵城的防衛必定比以往更為堅固。同時，其間若有敵之援軍來到事態就不妙了。況且，時日一多若遇雨水造成湖水的飽脹時期，道路泥濘不堪撤退困難且危險。依臣下之見，敵城尚未十分堅固，而我軍將兵的士氣旺盛。這時若能迅速給予總攻擊，傾出全力進攻，在洪水來臨之前必可攻下敵城凱旋而歸。」

孫權大為贊同。

孫權命令呂蒙擔任攻打甘寧城的元帥，在前線指揮攻擊，而自己則親率精銳部隊隨後支援。

天亮時總攻擊隨即展開。呂蒙親自握棒搥擊進擊的太鼓，士兵們個個鬥志高昂爭先恐後地爬上甘寧城，奮不顧身地攻打敵城。

在早餐時間之前甘寧城已淪陷。

而魏國由張遼率領的援軍已到夾石（安徽省桐城之北），卻聽聞城已淪陷而撤退。

孫權拔擢呂蒙為廬江郡的郡長。（『三國志』〈吳書・呂蒙傳〉）

【解說】

有所謂「攻者三倍」的法則。這是指攻擊者有至少無防禦者三倍以上的兵力，不應採取攻擊，即使攻擊也會被擊退。從這點看來，防禦可說是比攻擊更為有利的戰鬥形態。

但是，若不採取積極的攻擊則無法獲得決定性的勝利。

在第一次世界大戰，西部戰線的德國與聯軍都聚守在漫長幾無止境的塹壕裡，在為數僅只一公尺的勢力爭奪中反覆交戰，完全陷入膠著狀態與消耗戰中。

突破這種膠著狀態的，是英軍所開發的戰車攻擊力。

戰車首次登上戰場是在一九一六年九月十五日的蒸姆之戰，英軍雖然投入四十九輛戰車，卻因為故障的原因實際參與戰鬥的只有十八輛。而且，由於成員的訓練不足及地形的問題，成果並不佳。戰車真正地活躍在戰場上，是翌年十七年十一月二十日的坎布雷戰役。

在晨霧中四百輛以上的新型馬克Ⅳ型戰車朝德軍陣地突然展開襲擊。第一天十個鐘頭的戰鬥中戰車團突破正面十五公里，縱深達九公里，俘虜了八千名戰俘，獲得火砲一千門的大戰果。以當時西部戰線的常識而言，這個戰果必須花費三個月的期間及四十萬士兵的犧牲才可換得。

38 守戰——狀況不利時應徹底防守

凡戰，所謂守者，知己者也。知己有未可勝之理，則我且固守，待敵有可勝之理，則出兵以攻之，無有不勝。

法曰，知不可勝，則守。

【文　意】

與敵軍作戰之際，徹底防衛乃是非常清楚我方所處狀況的緣故。若正確認識我方戰力無法戰勝敵軍時，應徹底固守陣營，待可望戰勝敵軍時出兵攻擊必可獲勝。

兵法有言：「攻擊亦無法戰勝敵軍時，應徹底防衛。」

【戰　例】

西元前一五四年，漢景帝在位之時，吳、楚等諸侯造反。引起了吳楚七國之亂。

被任命為統帥的周亞夫率軍往東討伐吳、楚。在出征之際對景帝說：

「吳楚之兵勇猛，正面作戰給予擊破不易。臣下認為戰鬥委任諸侯的梁，我軍則斷絕反判軍補給路線。如此一來必可平定反叛軍。」

景帝表示贊同。

當周亞夫率軍來到滎陽（河南省滎陽之東北）時，吳軍正攻打梁，陷入苦戰的梁請求周亞夫出兵援救。

但是，周亞夫卻無視於其救援之請，而將軍隊退到東北方的昌巴（山東省金鄉之西北），在該地專注於城壘的防備工作。

梁無數次地差遣使者請求援軍，然而周亞夫卻依最初的作戰策略而不對梁救援。最後梁終於向京城的景帝訴苦。景帝差遣使者命令周亞夫出動援軍拯救梁。

但是，周亞夫連皇帝的命令也視若無睹，堅持固守城堡而不出兵。同時，命令部下弓高侯等出動輕騎兵斷絕吳、楚軍後方的補給路線。

吳、楚軍由於補給路線被斷，食糧不足，屢次向周亞夫之軍挑釁，但是，周亞夫卻不受挑撥。

對周亞夫消極的態度抱持不滿的部份將兵，在夜裡引起一陣騷動，這場騷動擴大到周亞夫下榻處的旁邊，但是，周亞夫卻沒有起床平撫這場論爭。不久之後，騷動也自然平息。

後來，吳派軍到城壁的東南角。周亞夫立即命令士兵加強西北的防備。吳軍派精銳部隊攻打城的西北。但是，由於西北方的防備早已堅固，吳軍的攻擊落敗。

吳軍因補給中斷，士兵陷入饑餓之苦，終於開始撤退。周亞夫看時機已到，立即挑出精銳部隊給予追擊而大敗吳軍。吳王劉濞僅率領數千部下敗走，逃入江南的丹徒（江蘇省鎮江的東南）。

但是，因勝利而聲勢大張的周亞夫之軍，接連地擊破吳軍，且將將兵全部俘擄。同時，周亞夫以千金之賞贖吳王的頭顱。

大約一個月後，丹徒人帶來了吳王的頭顱。

約三個月的討伐擊破了吳、楚之軍而完全鎮壓了叛亂。（『史記』〈絳侯周勃世家〉）

＊與本文類似的表現有『孫子』〈軍形篇〉「不可勝者守也」。

【解　說】

徹底守衛看似消極、缺乏戰意。但是，徹底守衛才能誘導敵軍的犧牲，伺機給予反擊而扭轉戰局。

近代的戰例中有韓戰（一九五〇～五三）初期美軍渥卡中將所下達的戰略，該戰略被評價為「韓戰中最重要的決戰」。那就是讓韓國、美軍撤退到洛東江線，在釜山橋頭堡堅固防守的作戰。

一九五〇年六月二十五日黎明，北韓的大軍突然越過三十八度線開始侵略南韓。雖然北韓的動向早已獲報，美國、南韓軍的首腦部卻不表重視而毫無防備。南韓軍立即陷入大混亂，各地接連敗北，二十八日首都漢城即淪陷了。北韓軍準備周到的奇襲戰法一舉成功。

北韓軍以當時最強勁的蘇聯製戰車T34打前鋒，覬覦壓制南韓全土，以勢如破竹之勢往南直驅而入。

南韓軍雖然在各地頗為善戰，卻已變成點的存在而已。為了反擊，必須將各點連成線。因此，才決定把所有的防衛線撤收到洛東江之線。

如此一來，以釜山為中心、西側的洛東江為防衛線，架築了南北約一三五公里、東西約九十公里的防衛陣地——釜山橋頭堡。但是，從另一個角度來看，除此僅有的陣地外，南韓全土等於拱手讓給了北韓軍。正是所謂的「背水一戰」。

但是，韓戰卻以這個釜山橋頭堡為轉機，進入新的局面。以南韓及美軍為中心的國聯軍總算可以對北韓軍反擊。

從日本大補給基地陸續地運送物資到釜山橋頭堡。另一方面，本來勢如破竹持續進攻的北韓軍也因為補給路線過於拉長，開始呈現食糧不足的危機。南韓、國聯軍終於開始大反攻。

39 先戰——在敵軍整頓陣形之前攻擊

凡與敵戰，若敵人初來，陣勢未定，行陣未整，先以兵急擊之，則勝。法曰，先人有奪人之心。

【文　意】

與敵軍作戰之際，若敵軍侵入時，陣形未整、隊形亦亂，若能立即以我軍方主軍給予攻擊，必獲勝利。

兵法有言：「先敵出擊必得人心。」（『春秋左傳』〈昭公二十一年〉）。

【戰　例】

西元前六三八年，春秋時代宋君主襄公率軍與楚軍在泓（河南省柘城之西北）的河岸對戰。宋軍早已做好陣營而楚軍尚未渡過河川。

看見這番情況，軍機大臣子魚對襄公說：

「敵軍兵力多而我方稀少。在楚軍尚未渡完河川之際給予攻擊吧。」

但是，襄王不表贊同。不久，楚軍全數渡過河川，陣形尚未齊整。子魚又再度勸告攻擊。然而襄公仍然不許。等待楚軍陣形齊備宋軍才給予攻擊，然而卻大敗，襄公本身負傷而側近個個戰死。

聽聞此敗戰，眾人皆批評襄公的輕敵，襄公卻說：

「君子不攻負敗者，不捕獲老人，在古人戰場絕無使處於不利立場之敵受困之事。即使潰敗也絕不攻打陣形未整之敵。」

但是，子魚批評襄公說：

「襄公不識戰爭。敵處境不利而陣形未整乃是天之助也。趁此機給予攻擊正可謂良策。況且如此作為也未必獲勝。同時，在戰鬥中面對我軍者皆是敵。縱有八十、九十高齡老人，若是敵人就該逮捕，無須顧慮。聚集士兵振其士氣、反覆操練為的乃是擊垮敵軍。若敵軍雖有負傷而無死亡即可攻擊。若認為不可攻打負傷之敵，開戰之初則不可使其負傷，若主張不可逮捕老人，開戰之初就應向敵軍降服。策動大軍仍為國益。若為國益即使趁敵軍處於不利之勢，攻打陣形未整之敵也未嘗不可。」（『春秋左傳』〈僖公二十二年〉）

【解　說】

戰例中所出現的宋襄公的行為，成為成語「宋襄之仁」，其意思是「無用之情、無謂之仁」。襄公之愚昧正如軍機大臣對襄公的評論。

但是，無論古今中外，對宋襄之仁似乎仍有許多人誤解其為人道主義，生於距此戰例約二千五百年後的歐洲的克勞傑維茲在其『戰爭論』中也如此記載：

「……在戰爭這個極為危險的事業中，由善良之心所萌生之謬見最為差勁。」

「由於厭惡戰爭所包含的各種粗野要素而無視於戰爭的本性，非但無益而且是本末倒置的錯誤觀念。」

在克勞傑維茲死後一六〇年的一九九一年波斯灣戰爭中，日本的傳播媒體，卻仍有所謂的有識之士紛紛叫嚷著「宋襄之仁」。

隨著地面戰爭的開始，多國聯軍展開閃電進擊，伊拉克軍無法抵擋而開始敗走。這時有不少人認為美軍對敗走的伊拉克給予攻擊乃是非人道的做為，不可理喻等，所謂人道主義紛紛出籠。

既然戰火已經燃起而伊拉克尚未降服，持續攻擊乃是理所當然之舉。因為，敗走之兵會再度聚集，重新整頓態勢而發動反擊，乃是戰爭中的常識。

40　後戰——攻擊必等敵軍士氣低落

凡戰，若敵人行陣整而且銳，未可與戰。宜堅壁待之，候其陣久氣衰，起而擊之，無有不勝。

法曰，後於人以待其衰。

【文　意】

與敵軍作戰時若敵軍佈陣森嚴且士氣旺盛，絕不可輕率攻擊。自軍若能固守陣營採取持久戰，等待敵軍士氣低落時再發動攻擊必可獲勝。

兵法有言：「等敵軍士氣衰微後再攻擊。」

【戰　例】

唐代武德四年（西元六二一）太宗皇帝（李世民）包圍東都（河南省洛陽之東）的王世充。

竇建德率領全數兵力前往支援王世充，但是，太宗鎮守要塞之地武牢（河南省滎陽汜水鎮）將其阻止。

竇建德在汜水（河南省滎陽之西北）之東，橫隔數里展開陣勢。唐軍士兵看到如此龐大軍勢，個個膽顫心驚。

太宗率領數名騎兵從山上視察後說：

「彼等在山東（河北省一帶）舉兵之後未曾和強兵作戰，如今又以此眾多兵力誇示其威勢，然終究是烏合之眾。同時，近臨我軍佈陣是鄙視我軍的意思。依此態勢不戰而對峙，不久彼軍士氣必衰微，等到飢腸轆轆將必撤退。到時再追擊必定獲勝。」

竇建德從早到正午過後，一直採取戰鬥態勢準備與唐軍一決勝負。但是，慢慢地士兵們空腹飢餓、身體疲憊，紛紛坐臥在地，爭相取水飲用。

太宗於是命令宇文士及率領騎兵三百，由敵陣之西往南飛馳而去，同時指示說：「敵軍若聞風不動即回到陣營，敵軍若採取行動立即朝東邊前進。」

宇文士率騎兵逼進敵陣時，敵陣果然產生動搖，見此情況太宗立即命令說：「現在是出擊的時候了。」

於是命令騎兵部隊掌起旌旗，做成戰鬥隊形，由武牢登上南側之山，沿著河谷往東以斷絕敵軍的退路。

竇建德趕緊命令大軍往東撤退，在該地與唐軍碰頭重新整頓好戰鬥態勢。唐軍主力騎兵部隊趁此際發動襲擊。同時，程咬金等率領的騎兵部隊也由後方採取猛烈攻擊。

竇建德之軍遭受夾擊戰而大敗。竇建德本身成為俘虜。（『舊唐書』太宗紀）

＊與本文類似者有『春秋左傳』〈昭公二十一年〉「後人有待其衰」。

【解　說】

韓戰（一九五〇～五三）中的仁川登陸作戰，就是等待優勢的敵軍疲憊再發動攻擊的戰例。

戰爭初期處於優勢的北韓軍隊，攻陷漢城後打算佔據南韓全國，而以破竹之勢持續南下。南韓與以美軍為主的聯軍僅保有以釜山為中心的陣地——釜山橋頭堡。

但是，支撐在釜山橋頭堡聯軍，對深入南韓國境內造成補給路線無法連貫，食糧缺乏而漸趨疲憊的北韓軍展開戲劇性的反擊。

聯軍所運用的策略是由漢城西南的仁川登陸進行反攻，一口氣奪回漢城，同時與由釜山攻擊上來的南韓軍和聯軍聯合夾擊北韓軍使其毀滅。

仁川登陸作戰被稱為世紀大賭注，當時其成功率只有五千分之一。但是，美軍麥克阿瑟將軍卻斷然地誇下豪語：

「我非常清楚這一點。但是，我知道這樣的危險，卻打算向五千之一的成功率做賭注。既然是賭注全靠個人本領。」

仁川登陸作戰終於成功，戲劇性的改變了戰局。南韓軍和聯想軍開始反攻。

不過，後來，因中共的介入而使戰局再生變化。

41 奇戰——在敵軍毫無防備時展開奇襲

凡戰，所謂奇者，攻其無備，出其不意也。交戰之際，驚前掩後，衝東擊西，使敵莫知所備。如此，則勝。

法曰，敵虛，則我必為奇。

【文意】

戰爭中所謂的奇襲是指出其不意攻打無備之敵。作戰之時，若採正面攻擊又從後面奇襲，由東進擊又由西襲擊，混亂敵軍的防備必獲勝利。

兵法有言：「若在敵軍防備中發現破綻，應給予奇襲。」

【戰例】

三國時代，魏景元四年（西元二六三），魏決定派大軍攻打蜀漢，任命司馬昭為統帥。同時，讓鄧艾在雍州（包含陝西省中部、甘肅省南部、寧夏回族自治區南部、青海省的一部份）之地牽制蜀漢的統帥姜維，並派軍給諸葛緒以斷絕姜維的退路。

鄧艾命令王頎等朝姜維的陣地做正面攻擊。牽弘的部隊在正面牽制，而楊欣的部隊則繞到甘松嶺（甘肅省迭部的東南）。

姜維聽聞鍾會所率的魏軍早已進入漢中郡（以陝西省漢中為中心）於是開始撤退。楊欣等率領魏軍給予追擊，在強川口展開激戰，大勝姜維蜀漢軍。

敗戰的姜維得知退路的橋頭（甘肅省文縣之東南）早已被諸葛緒之魏軍所阻擋，於是打算由孔函谷（甘肅省舟曲之東南）取道通往北方，再繞到諸葛緒的後方。

諸葛緒得知姜維的計後即撤退三十里。當姜維往北行進三十里路時，得知諸葛緒已返回，於是再取原路通過橋頭。諸葛緒以一日之差無法追擊到姜維。

姜維回到東方，在要害劍閣（四川省劍閣）嚴防守備。鍾會所率領的魏軍前往攻打卻失敗而歸。鄧艾進言說：

「蜀漢軍已受嚴重打擊，如今後出動奇襲部隊，由陰平（甘肅省文縣之北）沿山道穿過德陽亭（四川省劍閣之西北）往涪城（四川省綿陽之東北）前進。涪城離劍閣之西一百里，到蜀漢之都成都有三百餘里，等於是打擊敵軍之腹地。守衛劍閣的蜀漢軍若趕往涪城救援，現今攻打劍閣的鍾會則給予突擊，若守衛劍閣的蜀漢軍不採取行動，防衛涪城的兵力自然減少。『孫子』中有言『攻其無備、出其不意』若攻打敵軍守衛不固之地必可給予擊破。」

於是鄧艾率領大軍在離陰平七百餘里的無人之地開始行軍。行軍中必須開山路、搭棧道、穿越險峻山勢與深濬河谷，可謂寸步難行。補給也極為困難，經常糧食短缺。在斷崖上鄧艾用毛毯捲住身體滾落而下，將兵們抱住樹藤沿著崖邊魚貫走下絕壁。

當魏之大軍突然從天而降般地出現在江油（四川省江油之北）時，鎮守該地的蜀漢軍無法抵擋而全數降服。

聽聞魏軍的來襲，鎮守涪城的蜀漢軍諸葛瞻，立即率兵前往綿竹（四川省綿竹之東南），佔據有利地形準備給予迎擊。

鄧艾命令兒子鄧忠從右翼、師纂由左翼進攻。但是，二人都被擊退，於是向鄧艾報告戰局說：「擊破蜀漢軍極為困難。」

鄧艾激怒地說：

「我軍存亡全仰賴此戰，若不勝則死。」

忿然地幾乎砍殺了鄧忠與師纂。鄧忠與師纂再度攻擊，終於擊破蜀漢軍，諸葛瞻戰死。鄧艾所率領的魏軍擊到雒縣（四川省成都之北）。

到了如此境地，蜀漢皇帝劉禪派遣使者到魏國央求降服，蜀漢終於在西元二六三年滅亡。（『三國志』〈魏書・鄧艾傳〉）

＊對本文類似的表現有『李衛公問對』〈中〉「敵虛則我必以奇」。

【解　說】

利用奇襲而獲得勝利的近代代表戰例中，有俗稱六日戰爭的一九六七年第三次中東戰爭。

當時受制於埃及、約旦、敘利亞、伊拉克等組成的阿拉伯包圍網，切身地感到嚴重危機的伊朗，面對在戰車、飛機及其他地上兵力都誇稱壓倒性優勢的阿拉伯軍，採取奇襲攻擊一舉翻覆敵軍的優勢。

一九六七年六月五日早上，由莫爾迪海・赫特少將所指揮的伊朗空軍機從基地出發後，為了穿越阿拉伯的雷達網，先飛行到地中海持續低空飛行，接著奇襲埃及及境內的飛機場，瞬間摧毀了埃及空軍。

接著，也一一地將約旦、敘利亞、伊拉克各國空軍給予地上擊破。

這一整天，阿拉伯所損失的飛機有四一〇架。藉由迅雷不及掩耳的航空擊滅戰，一舉掠奪制空權的伊朗軍，在其後的地上戰爭也獲得飛機的支援而大勝。結果佔領了希臘半島、約旦河西岸、哥蘭高原，獲得實至名歸勝利。

另外，伊朗空軍所設定的奇襲埃及的開始時間是早上七點四十五分。這段時間正好是埃及空軍將領用完早餐回到基地的車途中。

42 正戰——正義為戰之王道

凡與敵戰，若道路不能通、糧餉不能進、計謀不能誘、利害不能惑，須用正兵。正兵者，揀士卒、利器械、明賞罰、信號令，且戰且前，則勝矣。法曰，非正兵，安能致遠。

【文意】

與敵軍作戰之際，若遇道路不通、補給斷絕、無法以計謀誘導敵軍、利害也不能造成影響時，應使用正兵。所謂正兵是指精選精銳兵卒，攜帶最佳武器，賞罰嚴明、命令嚴正的部隊。這些部隊參與作戰並往前進擊必可獲勝。

兵法有言：「若順理成章的正面攻擊，無法在偏遠之地作戰。」

【戰　例】

西元四一六年，東晉時代末期，檀道濟接受東晉軍統帥劉裕（後來建立南北朝時代的宋，宋武帝）前往討伐五胡十六國之一的後秦。

檀道濟率領的大軍到達洛陽，攻下洛陽城擊潰城池，俘擄四千人以上。一名部下進言說將這些俘虜全部殺死，在堆積的屍體上盛土做成高塚，建立紀念武動的京觀。

但是，檀道濟說：

「我們是以征伐有罪者以求人民心安，我軍應以正義之名行動，殺敵並非目的。」於是釋放所有的俘虜。

聽聞此訊，後秦人民都把檀道濟的軍隊當做解放軍，大為歡迎。前來投降者更是不絕於途。西元四一七年、後秦終於被劉裕所滅。（『宋書』〈檀道濟傳〉）

＊與本文類似的表現有『李衛公問對』〈上〉（若非正兵，安能致遠」。

【解　說】

雖然有人民解放軍或人民解放戰線等名稱，卻不一定都是解放軍。從應已「解放」的國家紛紛出現逃亡者，反體制派被強制送往收容所的情況看來並無解放之實。

率領伐秦之軍的劉邦（漢朝開國皇帝高祖），在紀元前二〇六年首先登上秦首都咸陽城時，召集地方元老對其「約法三章」。換言之，將秦以往的嚴苛法律全部廢止，只簡化為法三章（殺人則死，傷害、竊盜則罰）。

當地居民的欣喜自然不在話下，並且想以酒食慰勞劉邦之軍，劉邦也斷然拒絕。後來，劉邦之軍被當做解放軍大受歡迎。

而在最近的戰役中，一九九一年進駐科威特市的多國部隊可說是正統的解放軍。在伊拉克佔領下的科威特市民，瘋狂地歡迎多國聯軍。

進入科威特市之際，多國聯軍的主力——美軍展現了細膩而週到的外交顧慮。美國海軍暫時停止在科威特市郊外的進軍，將首先進駐科威特市的名譽拱手讓給阿拉伯聯軍。

43 虛戰——以虛勢脫離危機

凡與敵戰，若我勢虛，當僞示以實形，使敵莫能測其虛實所在，必不敢輕與我戰，則可以全師保軍。

法曰，敵不敢與我戰者，乖其所之也。

【文　意】

與敵軍作戰時，即使我方戰力弱小也要佯裝強大，若能使敵軍對我軍主力的虛實感到不安，必不敢妄下攻擊之舉。如此一來，使敵軍攻擊延誤必可脫離危機。

兵法有言：「敵軍不敢輕率前來攻擊，乃是混淆其去向的關係。」

【戰　例】

三國時代，蜀漢武將諸葛亮駐屯陽平道（陝西省勉縣之西），讓部下魏延等率領主力部隊一起往東行軍，自己則僅率領一萬士兵固守城堡。

魏武將司馬懿為了對抗蜀漢軍率領二十萬士兵前往迎擊，但是，因為弄錯方向沒有和魏延之軍碰頭，而來到諸葛亮所鎮守之城。司馬懿之軍僅離諸葛亮所防守的城堡六十里。

偵察兵回來報告說，諸葛亮鎮守城內，兵力稀少。

諸葛亮也察覺到司馬懿之軍接近自軍陣營，但是，時間、距離都出乎意料地逼近。若與魏延軍會合路途過遠，與司馬懿之軍作戰則兵力的懸殊又太大。

鎮守城堡的蜀漢士兵們個個臉色大變、驚恐不堪。

但是，諸葛亮卻泰然自若地命令士兵收起旌旗、停止擊鼓，同時，命令大家不可輕舉妄動，並打開四個城門，將地面掃除乾淨後並灑了水。

司馬懿認為諸葛亮行事慎重。而如今這些舉動只是佯裝自軍毫無防備的狀態。司馬懿懷疑其中可能有伏兵，擔心落入圈套而撤退到北邊山中。

翌日，諸葛亮一邊用早餐一邊對部下說：

「司馬懿擔心我埋下伏兵逃入山中。」

從偵察回來的偵察兵口中得知諸葛亮實際狀況的司馬懿，懊悔失去難得的良機，然而為時已晚。

＊與本文類似表現的有『孫子』〈虛實篇〉「敵不得與我戰者，乖其所知也」。

【解　說】

被認為是發生於西元二二七年或二三一年的這則戰例，有人認為並非屬實。也許是諸葛孔明傳說之一。

44　實戰——當敵軍戰力充實時以防備為優先

凡與敵戰，若敵人勢實，我當嚴兵以備之，則敵人必不輕動。

法曰，實而備之。

【文　意】

與敵軍作戰之際，若敵軍配備整齊週到，士氣高昂時，我軍必須採取嚴格的警戒態勢。如此一來，敵軍也不敢輕舉妄動。

兵法有言：「敵軍充實時應防備。」（『孫子』〈始計篇〉）。

【戰　例】

西元二一九年，後漢時代末期劉備繼位為漢中王。劉備任命關羽為前將軍，賦予節鉞以示其權限，使其駐屯江陵（湖北省江陵）。

當年，關羽將部分軍隊留在公安（湖北省公安縣）與南郡（以湖北省江陵為中心）以備吳軍，自己則親率大軍攻打魏武將曹仁所防守的樊城（湖北省襄樊）。

魏曹操命令于禁等率援軍前往支援曹仁。但是，當時正值秋季一陣長雨而使漢水氾濫，于禁所率之軍全泡入水中，終於對關羽降服。魏武將龐德成為俘虜被處刑。

樊城之戰的勝果是造成邊遠地區的梁（河南省臨汝之西）、郟（河南省郟縣）、陸渾（河南縣嵩縣之北）等地對魏的反叛者中，出現了從關羽獲得稱號，以關羽的附屬部隊的名義參與作戰態勢。

當時，關羽的大勝利已震撼了魏，曹操為了避開關羽的氣勢甚至想要遷都。（『三

國志』〈蜀書・關羽傳〉）

【解　說】

西元二一九年，蜀漢關羽擊破于禁所率領之魏軍，是動搖魏、蜀漢、吳三國鼎立的大事件。但是，猛將關羽個性好急又只顧攻擊的良機，在防衛上過於疏忽，也可說對三國之間的制衡關係欠缺思慮。

關羽率領主力軍攻擊樊城，卻對根據地的防衛漠不關心。終於被吳軍看穿其弱點，而被奪去根據地的要衝——湖北省江陵。

45 輕敵——無策、輕率乃敗北之源

凡與敵戰，必須料敵詳審而後出兵。若不計而進，不謀而戰，則必為敵人所敗矣。

法曰，勇者必輕合。輕合而不知利。

【文　意】

與敵軍作戰時，必須充分地進行敵情判斷，研討戰術後再出兵。若無策出擊、無謀應戰，必定被敵軍擊破。

兵法有言：「蠻勇之將必輕率與敵作戰。只輕率與敵作戰而不知戰的利害得失。」（『吳子』〈論將〉）

【戰　例】

西元前六三二年，春秋時代楚軍包圍宋國，宋向晉求援。

晉文公在回國即位之前有過一段亡命時期，受過楚之恩，因此，不願與楚交戰。但是，也曾經受惠於宋，不可坐視不管。

臣下先軫說：

「若坐視不管，宋必贈賄賂給齊及秦，要求代為攏絡楚。若是如此，我軍則攻打曹及衛二國，將占領的領土部分與宋平分。重視曹、衛的楚必定大怒，將無視於齊、秦的遊說而攻打宋。如此一來，齊、秦既然都從宋收到賄賂，必不可置宋不顧而與楚一戰，強大的楚國四面受敵必敗北。」

文公聽從此計。果然楚王想從宋撤軍。

但是，楚軍武將子玉不服這個決定說：

「從前，我楚國對文公有恩，文公既知曹、衛乃楚之同盟國卻對其攻擊，乃是蔑視我楚國的證據。請允許與晉作戰。」

楚王得知晉文公的器量，想避免與晉作戰。但是，子玉卻堅持與晉作戰。

楚王對子玉不聽從己意感到不快，只給予少數兵力允許其作戰。

子玉派遣宛春為使者拜見文公，如此向文公傳達：

「請從曹、衛撤軍。如此即可解除宋之包圍。」

聽聞此言，先軫對文公說：

「若不顧子玉的要求，等於對宋見死不救，會失去我晉在諸國間的信用。但是，若接納其要求，宋、曹、衛三國必感謝楚，而我晉國必遭此三國之怨。此時此刻應秘密約定歸還曹、衛所奪之地與楚斷交，同時侮辱使者宛春以激怒子玉，誘導對方發動戰爭。」

文公採用此計謀，捕捉使者宛春不使其歸國。

聽聞此訊勃然大怒的子玉，率領楚軍瘋狂地攻打而來。

楚軍在城濮（山東省鄄城之西南）與晉、宋、齊、秦的聯合軍作戰，結果慘遭敗北

（『春秋左傳』〈僖公二十八年〉）

【解說】

此戰例是春秋時代的代表性戰役之一的城濮之戰，這場戰爭的勝利決定了晉在諸侯間的優勢。從此晉文公獲得霸者的地位。所謂霸者是指當時的領導國。

另一方面，楚國子玉由於不獲君主的支持，因個人的功名與激怒而輕率作戰，結果落得大敗。

46 重戰——處於不利狀況時最為重要的是等待

凡與敵戰，須務持重，見利則動，不見利則止，慎不可輕舉也。若此，則必不陷於死地。

法曰，不動如山。

【文　意】

與敵軍作戰時，必須隨時保持謹慎。若看見自軍處於有利狀況則動，見不利則止，若不輕舉妄動絕不會陷入死地。

兵法有言：「軍隊不動時應穩重如山。」（『孫子』〈軍爭篇〉）

【戰　例】

西元前五七五年，春秋時代晉軍統帥欒書，率軍與楚軍在鄢陵（河南省鄢陵之西北）作戰。

早上，楚軍擺出要一舉擊退晉軍的態勢。看到這種景況，晉軍各個陷入不安。

副元帥范匄進言說：

「應儘早掩埋水井、拆除爐灶，做成戰鬥隊形準備進擊。」

但是，統帥欒書卻說：

「依我所見，楚軍輕率不實。我軍若能堅守防衛等待時機，三日必可使其撤退。到時再發動追擊必可獲勝。」

果然不出所料，晉軍擊破楚軍大勝。（『春秋左傳』〈成公十六年〉）

【解說】

在波斯灣戰爭中的多國聯軍的作戰可說是「重戰」的典型。

一九九〇年八月二日伊拉克軍侵佔科威特時，美國不輕率應戰，花費半年的時間組成由三十八國聯合而成的多國聯軍，在波斯灣投下大約五十萬的兵力。

直到一九九一年一月十七日才對伊拉克展開作戰。但是，這時也避免立即進入地面戰，在二月十六日之前的一個月裡持續空中轟炸，徹底破壞伊拉克軍的戰鬥能力後，才於十七日黎明終於展開地面作戰。

47 利戰——以小利誘敵

凡與敵戰，其將愚而不知變，可誘之以利。彼貪利而不知害，可設伏兵以擊之。其軍可敗。

法曰，利而誘之。

【文　意】

與敵軍作戰時，若敵軍統率愚鈍，不知隨機應變，應利用小利給予誘導。若是對利敏而無法對利害得失做判斷者，應設伏兵給予攻擊。如此即可擊破敵軍。

兵法有言：「以利誘敵。」（『孫子』始計篇）

【戰　例】

西元前七〇〇年，春秋時代楚軍攻打絞城。當時楚軍雖傾力攻打絞城的南門，卻百攻不下。楚軍機大臣屈瑕說：

「絞之人民貪圖小利，容易上當。亦無深謀遠慮，處事亦不慎重。我軍何不派沒護衛的人伕前往取柴薪，以此做誘餌試試看。」

結果，絞軍果然逮捕了三十名楚之人伕，而喜出望外。

翌日，同樣地又讓沒有人護衛的人伕前去取柴薪，絞軍的士兵們爭相出城到山中追逐人伕。楚軍暗中在北門及山中設下伏兵，此時策動伏兵攻打絞軍，隨即將絞軍擊垮。

（『春秋左傳』桓公十二年）

【解　說】

在越戰中對越共的游擊戰感到棘手的美軍所想出的應戰方式是，利用步兵索敵殲滅戰法。名稱雖然勇猛，其實是讓步兵部隊當誘餌誘出越共，然後利用砲擊或直升機、飛機的空襲而完成任務。

但是，事實上對成為誘餌的步兵而言，這是相當艱辛的任務。豔陽高照下在水田地帶、熱帶雨林中來回闖蕩。若遭受越軍的奇襲，除了必須應戰外還要利用無線電呼叫司令部，請求砲擊或飛機的掩護。

而且，越軍所架設的陷阱遍佈各地，也造成步兵部隊的重大傷亡。

以步兵隊為「利」誘導敵軍的作戰，實質上是降低士兵的士氣，終告失敗。因為，越共臨機應變的戰術及士氣遠超過美軍。

48 害戰——在國境設置要害

凡與敵各守疆界，若敵人寇抄我境，以擾邊民，可於要害處設伏兵，或築障塞以邀之。敵必不敢輕來。

法曰，能使敵人不得至者，害之也。

【文　意】

在與敵交接的國境地帶，敵人侵犯國境、危害國境的人民時，若能在要害之地設下伏兵，設置障礙物，敵軍便不敢輕率地侵犯國境。

兵法有言：「使敵軍不敢前來，乃是設下障礙使其裹足不前。」（『孫子』虛實篇）

【戰　例】

唐朝時代，朔方軍（以寧夏回族自治區靈武的西南為中心）的統帥被土耳其系的遊牧民族突厥軍打敗。朝廷命令張仁愿上任代職。

張仁愿赴任時突厥軍早已逃逸無蹤。然而仍然率軍追擊，夜晚在野營地發動奇襲，大破突厥軍。

朔方軍與突厥軍本來以黃河上游為界，黃河北岸有一個拂雲寺，突厥在侵犯國境之前必聚集此地祈禱，隨後再往南出擊。

碰巧當時突厥首領率領全部的兵力攻打異族的西突厥。張仁愿利用此機會佔領漠南（內蒙一帶）之地，並請朝廷在黃河以北之地建立三城，以防堵突厥南侵的路線。大臣唐休璟反對說：

「從漢朝以來，我們即以黃河為境固守國家。若渡黃河在異族的居住地築城也無法持久。」

但是，張仁愿反覆遞呈請願書，皇帝終於應允。

張仁愿為了完成工作，將士兵的役期延長，全力投注於城堡的建設。

當時咸陽（陝西省咸陽之東北）有二百名士兵企圖逃亡。後來被張仁愿全數捕獲並處刑。看到這個情況，全軍士兵大為震驚，以後築堡的工作順遂，六十日即完成了三座城堡。

三城各為中城（內蒙自治區包德之西）、東城（內蒙自治區土特克之東南）、西城（內蒙自治區杭錦後旗，五加河的北岸），當時是西元七〇八年。

三座城彼此相隔四百餘里，北方已是沙漠，與屯墾地相隔三百里之遠。

另外，在牛頭朝那山（內蒙自治區固陽之北）的北邊設製一千八百個狼煙台。從此之後，突厥沒有越過邊界前來放牧，也未曾看過突厥的蹤跡。每年節省了一億銀元的經費，也消減數萬人必須戍守邊界的兵力。（『舊漢書』張仁愿傳）

【解說】

對敵的防禦，以自然的要害最理想。但是，若無自然要害時該麼辦？

位於中歐的德國，西方與東方皆為平坦的國境線，沒有大山脈做為天然屏障。基於此種地理條件，一旦陷入戰爭採取多正面作戰。

因此，自然普魯士時代起所採取的對策就是國內交通網的整備。這個構想是想藉由能迅速移動兵力以應付多樣的戰局。為此，普魯士時代非常重視道路網及鐵路網的整備。在普法戰爭（一八七〇～七一）中，普魯對法軍的壓倒性勝利，其背景是普魯士鐵路網的整備所促成運輸的迅速。

到了納粹德國時代，仍然延續著這個構想，所以，有希特勒對高速汽車自動網的整備延續下來。

49 安戰──以持久戰應付速戰速決戰法

凡敵人遠來氣銳，利於速戰。我深溝高壘，安守勿應，以待其弊。若彼以事撓我求戰，亦不可動。

法曰，安則靜。

【文　意】

敵軍若來自遠方的遠征軍，其士氣也旺盛時，速戰速決對敵軍較有利。我軍應深掘城壕、高築城牆徹底防守，以待敵軍的疲憊。即使敵軍以各種方式前來挑釁、挑戰，也不可出城迎擊。

兵法有言：「不動時應保持平靜。」（『孫子』兵勢篇）

【戰　例】

西元二三四年，三國時代諸葛亮率領一萬餘名蜀漢軍遠征曹魏，穿過斜谷（陝西省眉縣之西南）到遠渭水南岸，在該地佈下陣營。

魏派遣司馬懿出兵防堵。司馬懿的部下皆希望在渭水北岸佈陣。但是，司馬懿說：

「人口及物資全集中於南岸。對兩軍而言該地是戰略上的要地。」

隨後即率領大軍過河，在渭水的南岸背川佈陣。同時對部下說：

「諸葛亮若有勇氣則會來到武功（陝西省武功之西），以山為後盾往東進擊。若諸葛亮來到西邊的五丈原（陝西省寶雞的東南）我軍絕不會敗北。」

果然，諸葛亮率軍來到五丈原，碰巧天空閃現巨大慧星，落入諸葛亮的陣營。司馬懿看見此光景說這乃是諸葛亮敗北的前兆。

當時，魏王認為諸葛亮遠征而來，以速戰速決最為有利，只是司馬懿認為應慎重等待蜀漢軍的內部變化。諸葛亮屢次前來挑釁、挑戰，司馬懿只固守陣營不應戰。最後，諸葛亮把女性的飾品送到司馬懿的陣地，想利用侮辱的手法誘戰。但是，司馬懿仍然不為所動。

弟司馬孚以書信前來詢問狀況，司馬懿在回書中如此寫道：

「諸葛亮其志雖大，卻不擅於掌握良機；計謀雖多卻缺乏決斷力；雖擅長治軍卻無實權。如今諸葛亮雖然率領十萬大軍，卻早已是我的掌中物。必然敗北。」

雙方對峙一百餘天，碰巧諸葛亮病死，蜀漢軍於是在陣地放火開始撤退。從當地住民迅速地接獲此報的司馬懿，命令魏軍趕緊追擊。

蜀漢軍的楊儀佈下反擊的態勢。司馬懿認為深追返國之軍極為危險而停止追擊。楊儀也平安無事地撤退。

翌日，司馬懿視察撤退後的蜀漢軍的陣地。在陣形及磐石的配置上巡迴勘察，同時又看見被棄毀的作戰地圖、文書及龐大的食糧，確信諸葛亮已死後說：

「簡直是天下奇才。」

部下辛毗認為諸葛亮也許還活在人世間。但是，司馬懿卻說：

「軍人最重視與軍人相關的文書、兵馬的食糧。如今這些全棄之在地。人無法捨棄內臟而存活。蜀漢軍已經完了，立即給予追擊！」

但是當地有許多長滿荊棘的植物，司馬懿命令二千名士兵穿上用軟木做成平底靴，率頭先行。踏倒荊棘之後再讓步兵與騎兵前進。

當魏軍到達赤岸（陝西省留壩之東北）時，蜀漢軍才正式發表諸葛亮已死。魏軍見蜀軍已遠去才收兵。

當時，人民看見司馬懿碰到楊儀的蜀漢軍，擺下反擊的陣式而慌張停止追擊的情景做了這樣的諺語。

「死諸葛能走生仲達（司馬懿）。」（『晉書』〈宣帝紀〉）

【解　說】

第二次世界大戰時，指揮登陸硫磺島作戰的賀蘭特・M・史密斯海軍中將，概述一九四五年二～三月的硫磺島戰役是「海軍在一六八年間所遭遇最為劇烈的戰役」。

為期二十六日的戰爭中，美國海軍死亡六千八百名，約一萬五千名受傷。美軍之所以遭受如此的重創，乃是最後雖然遭受敗北卻嚴守硫磺島的日本軍統帥栗林忠道中將徹底防衛。

對於美軍登陸前的攻擊，一直保持平靜的態勢誘導美軍輕率登陸。守護硫磺島的二萬一千名日本軍，在美軍攻擊之前的數月間，反覆地在全島建築要塞。島上有著無數的掩蔽壕溝、砲坑等，並由縱橫交錯的地下通道連接在一起。

美軍在登陸硫磺島前數日就展開日夜不斷的空襲與艦砲射擊。猛射的砲擊使整座島幾乎夷為平地，而日軍幾乎毫無反擊。因此，讓美軍驕傲地以為日本軍已瀕臨毀滅，無法再做組織性的抵抗。但是，在美軍進行空襲與砲擊之際，日軍卻彷彿地鼠般地潛藏在地下。

登陸的美軍發現日軍幾乎沒有傷亡而大為震驚。同時對其神出鬼沒頑強抵抗大感棘手。美軍必須據點利用火燄槍、高性能爆彈才能將日軍巧妙偽裝的地下據點一一給予擊破。三月二十六日，日軍最後的陣營終於被攻陷，生、殘而成為俘虜者只剩二百名。

50 危戰——抱定必死的覺悟即可掌握勝機

凡與敵戰，若陷在危亡之地，當激勵將士決死而戰，不可懷生、則勝。法曰，兵士甚陷，則不懼。

【文　意】

與敵軍作戰時，即使陷入危急狀況，若能激勵將兵抱定必死的決心挺身作戰必可獲勝。

兵法有言：「士兵若處於極危的處境則無所畏懼。」（『孫子』九地篇）

【戰　例】

西元三五年，後漢時代初期，要完成統一的漢光武帝（劉秀），為了平定在蜀（四川省一帶）擴張勢力而不順從的公孫述，命令武將吳漢的前往討伐。

吳漢率軍前進到犍為郡（以四川省彭山之東為中心）。附近一帶的城鎮，各個堅守陣營。

吳漢攻陷廣都（四川省成都之南）時，派遣輕騎兵燒毀連接京城成都之橋。武陽（四川省彭山之東）以東的城鎮個個降伏。

光武帝傳送書信給吳漢，警戒其說：

「成都擁有十萬大軍不可輕敵。必須以廣都為據點堅固守備，等待敵軍來襲絕對不可貪圖速戰速決。若敵軍不出擊則移動陣地誘其出擊，等敵軍疲憊後再進行決擊。」

但是，吳漢不聽令行事，對以往的戰績自信過高。親率步兵、騎兵二萬前往成都。在距離成都十餘里的泯江（長江的支流）北岸佈陣紮營，在河川上搭建吊橋，又命令部下劉尚率領一萬多兵力在南岸佈陣設營。兩個陣地相隔二十餘里。

光武帝聽聞此事大為震怒，頒書叱責吳漢。

「朕如此詳細指示為何不從？如今身入敵地又與劉尚陣地分割，若發生緊急狀況彼此將無法互相支援。若敵軍牽制而以主力軍攻打劉尚，擊破劉尚後貴軍也難以自保。幸好敵軍尚未採取行動，當務之急，迅速率軍返回廣都。」

但是，這封書信到達吳漢手中之前，公孫述已命令部下謝豐和袁吉率領十萬兵攻打吳漢。同時，另派部下率領一萬兵士攻擊劉尚，斷絕其彼此間的聯繫。

吳漢舉兵出擊激戰一整天，落敗逃回陣地後又被謝豐所率之軍包圍。

吳漢召集部下說：

「與諸軍忍耐艱難轉戰千里，屢戰常勝，終於深入敵地而到達成都的城下。然而現在我軍與劉尚之軍受敵軍的包圍，也斷絕聯絡，事態已不容許有任何疏忽。因此，我想趁夜暗中渡過泯江與南岸劉尚之軍會合，再與敵軍決一死戰。若諸君能一致協力參與此事，必獲勝利。然而若失敗只有自滅。勝利或敗北全操在此計劃的成功與否。」

「聽令。」部下個個回答：

吳漢慷慨以酒食宴請各將官，同時給馬匹充分的草糧。整整三天，陣地營門深閉。但是，遍佈旗幟與狼煙。同時，陣地所散發出的炊煙持續不斷。等敵軍警戒鬆懈後，再趁夜晚命令士兵口含木片避免出聲，暗中移動與劉尚之軍會合。

謝豐等尚無所覺。

翌日，吳漢集中全數兵力應戰。從早上到傍晚一直激烈地戰鬥，終於獲得大勝利。謝豐及袁吉都戰死。

吳漢為了後方警備，讓劉尚劉守，自己率兵回到廣都向光武帝呈遞反省報告書。光武帝在回書中如此寫道：

「貴官回廣都令人可喜，公孫述今必不敢攻擊劉尚及貴官。若公孫述攻打劉尚，貴軍則從離廣都五十里之地率步兵與騎兵進擊。伺機等待公孫述之軍疲憊再給予突擊必獲勝利。」

其後，蜀漢之軍與公孫述之軍在成都與廣都之間反覆作戰，吳漢八戰八勝終於攻進成都的內城。公孫述親率數萬士兵出城要求作戰。吳漢命令部下高午及唐邯率領萬精銳部隊出擊。

公孫述終於落敗逃亡，隨後追擊的高午，衝入陣地刺殺公孫述。

翌日，成都淪陷。公孫述的頭顱被送回首都洛陽。

結果，在西元三六年，蜀地完全獲得平定。（『後漢書』吳漢傳）

【解說】

韓戰初羕，面對勢如破竹南下的北韓軍，南韓、美軍幾乎束手無策，接連戰敗。看到這般淒慘的落敗，美軍渥卡中將搭乘吉普車趕往前線司令部，激勵全軍傾全力作戰直至最後剩一兵一卒。

但是，渥卡中將的訓示是「STAND OR DIE」，在當時美國國內掀起一陣責難的聲浪，指責這乃是既非民主主義又瘋狂命令。

麥克阿瑟將軍對這些責臨的聲浪毅然地反駁說：

「軍隊無民主主義。」

結果，南韓、美軍終於守住釜山橋頭堡。又因登陸仁川而戲劇性地扭轉了戰局，一舉攻進韓領地。

第二章

從死戰到活戰

51 死戰——有必死的覺悟才能獲勝

凡敵人強盛，吾士卒疑惑，未肯用命，須置之死地。告令三軍，亦不獲己。殺牛燔車，以享戰士，燒棄糧食、填夷井竈、焚舟破釜、絕去其生慮，則必勝。法曰，必死則生。

【文　意】

因所面對的敵軍過於強大，而使我方的士兵發生動搖或不能聽從上司的指揮時，當務之急就是要鼓舞士氣，並且營造出決不生還的心境。這時要命令全軍將士，若不迎戰則必死無疑。但若以必死的覺悟應戰則能打開生路。並且殺牛焚車盛大地犒賞士兵。同時把殘剩的食糧全部燒棄、破壞炊事用的水井及器具並把船燒毀將鍋子搗破，明白地表現出絕不生還的覺悟。如此，士兵們必能抱定必死的信念，自然能獲得勝利。

兵法有言：「以必死的覺悟應戰，必能打開生路。」（『吳子』治兵）

【戰　例】

秦代後期，始皇帝死後，各地發生叛變。

奉令鎮壓叛亂的秦軍總司令章邯，在大破楚項梁之軍後，認為如此尚不能讓楚軍恐懼，於是又渡過黃河攻打趙國大敗趙軍。

趙王歇、軍隊元帥陳余、宰相張耳，都逃入鉅鹿城（河北省鉅鹿的西南）。

章邯命令部下王離和涉間包圍鉅鹿城，本身則率領大軍在城南佈陣。而在道路兩側築起防壁，藉此對奉命實施包圍的軍隊做充分的補給。

先前被章邯的秦軍所打的楚懷王，任命宋義為上將、項羽為副將，范增為末將，率領軍隊救援趙國。其他的將領則完全歸屬宋義調遣。

以宋義為最高統帥的楚軍雖然進軍到後安陽（山東省曹縣的東北），但是，卻在該處滯留四十餘日，而無繼續前進的打算。

於是項羽進言說：

「趙軍雖然被秦軍圍困在鉅鹿城中，但如果我們現在馬上渡過黃河從外圍襲擊，而趙軍從內側攻擊出來的話，必定可以大破秦軍。」

可是，宋義說：

「你錯了，現在秦國攻打趙國，即使獲勝秦軍也將因此而疲憊不堪，到時候我們再將他們消滅。現在我們只要旁觀秦、趙兩國交戰就可以了。」

而且宋義還讓自己的兒子就任齊國的大臣，並不惜勞師動眾地舉行盛大的歡送會，千里相送到無鹽（山東省東平之東）。

當時天氣嚴寒又下著大雨，士兵們各個挨餓受凍。項羽說：

「我們楚軍剛戰敗不久，懷王的地位正汲汲可危，而將軍隊全權委任宋義。可是宋義在此國家危急存亡之際，卻不能關愛士兵而沉迷於私事，實在無法令人信賴。」

於是項羽趁天未明之際來到宋義的行軍帳內，在寢床中割下其首級，然後告示全軍說：

「宋義勾結齊國企圖謀反，我奉懷王的命令將他制裁了。」

眾將官誠惶恐沒有人反抗，並且異口同聲說：

「我們支持項羽將軍。」

於是，項羽被推舉為臨時大將軍，隨即派人追殺宋義的兒子，同時把整個事情的經過向楚懷王報告，懷王於是正式任命項羽為大將軍。

項羽趁勢將宋義的直屬軍隊完全殲滅，並且斷絕宋義的一切影響力。

經過這件事後，項羽的聲名傳遍楚國及各地。

項羽派遣新納入歸屬的當陽君和蒲將軍率領二萬大軍渡江救援鉅鹿城。可是戰況並未因此而好轉，趙的陳余再度前來求援。

項羽即率領全軍趕往救援，當大軍渡過河後項羽命令把船弄沉、把炊具打破、把野營的設施全部燒毀。而且只分給兵士們三天份的食糧，告示全軍絕不生還的覺悟。

項羽的軍隊一到達鉅鹿，馬上包圍秦王離的軍隊，交戰九次就切斷有防壁固守的秦軍補給路線，而徹底的擊敗秦軍。秦軍的指揮官蘇角戰死，而且王離也成為俘虜。

在這次的戰鬥中，項羽所率領的楚軍其驍勇善戰的情形，簡直令人瞠目咋舌。其他在鉅鹿附近趕來救援的諸侯軍隊，只是固守在十餘處的石寨中，並不積極地派出軍隊與秦軍作戰。而且當楚軍擊破秦軍的戰役中，他們也都只是在石牆上觀戰而已。

楚軍士兵以一當十，怒號震天地的作戰情形，使在一旁觀戰的諸侯軍士各個膽顫心驚。

果然項羽所率領的楚軍在鉅鹿大敗秦軍。（『史記』項羽本紀）

【解　說】

征服墨西哥阿茲特克王的西班牙科第斯所率領的軍隊，只不過十一艘船、五百八十餘名士兵、一百一十名水伕而已。然而科第斯就憑著如此薄弱的兵力，征服了具有高度文明的阿茲特克王國。

雖然那是一場非常殘虐的征戰，可是身為指揮官的科第斯卻能發揮優越的統帥力，而將少數兵力的戰力發揮到極至。

一五一九年從哈瓦納出發的科第斯，在墨西哥的貝拉克斯登陸後，馬上下令將所有船隻解體，以宣示堅決向內陸進擊的決心。這無異是將部下逼入「死戰」的境地。隨從的西班牙人身處異地而且又被斬斷退路，只好跟隨著科第斯前進。

52 生戰——決定明暗關鍵的指揮官的覺悟

凡與敵戰，若地利已得、士卒已陣、法令已行、奇兵已設，要當割棄性命而戰，則勝。若為將陣畏怯，欲要生，反為所殺。法曰，幸生則死。

【文　意】

與敵軍交戰的時候，如果已經佔據有利的地形、士兵已經進入陣地、戰鬥命令早以下達、埋伏的軍隊正伺機而動時，若再有必死的覺悟則必可獲勝。但是，如果指揮官臨陣恐懼只企圖生還而會遭致喪命的結局。

兵法有說：「以只企求生還的心去戰鬥，反而會被殺。」（『吳子』治兵）

【戰　例】

春秋時代西元前五九七年，楚軍包圍鄭國，鄭國向晉求救。晉國雖然派出援軍但卻採取觀望態度，故意緩慢行軍。因此，當晉軍的援軍到達黃河邊時鄭國早以戰敗投降。當晉軍想要就此班師回國時，有一名副將說：

「我們出兵到了這裡為的就是救援鄭國，因此，無論如何都必須到鄭國一趟。」

說著就率領其部隊強行渡過黃河。雖然晉軍的士兵早已心生離反，但是，最後仍然老大不情願地全軍渡過黃河。

楚軍降服鄭國之後已經心滿意足，而佯稱只是要讓軍馬在黃河飲水，並為了避免與晉軍發生衝突也打算儘早離去。可是，眼看著晉軍已經過河而來，不戰也不行。當時剛降服的鄭軍也已經被編入楚軍的行列。

晉軍和楚、鄭的軍隊在敖山與鄗山（都是在河南省滎陽縣的山）之間交戰。

楚軍的指揮官號令軍隊積極向晉軍進擊說：

「前進！要逼迫敵人，不要被敵人逼迫。不可落後，只管向敵人前進！」

本來就毫無戰意的晉軍指揮官，則心生惶恐而下令說：

「後退！先渡過黃河者有賞。」

只想儘快渡過黃河逃到安全地帶。

晉的士兵蜂擁地搶登舟船，沒來得及登上落的士兵，雖然人在河中仍然用手抓住船緣。為了怕因此而沉船，於是船上的人用刀將那些抓在船緣的手指全部砍斷。據說船上到處積滿手指。

當然晉軍是慘敗了。（『春秋左傳』宣公十二年）

【解說】

這次交戰之前，楚軍並無意和晉軍交戰。認為既然降伏了鄭國已經很有面子，而打算在晉軍到來之前班師回國。

可是，雖然晉軍和楚軍彼此都無戰意，但形勢卻逼得他們非戰不可。在這種情況下兩軍一旦交戰時，指揮官的決心就成為勝負的關鍵了。楚軍抱著必死的覺悟而攻擊，晉軍卻一心只想逃脫。結果這就成為決定勝敗的關鍵。

53 飢戰——沒有補給無法獲勝

凡興兵征討、深入敵地、芻糧乏闕，必須分兵抄掠、據其倉庫、奪其蓄積，以繼軍餉，則勝。

法曰，因糧於敵，故軍食可足也。

【文意】

出兵遠征深入敵人的地方後，當兵馬的食糧欠缺時，要分出一部分的兵力去掠奪物資。佔據敵人的倉庫奪取其物資以供給我方的需要，如此才能得到勝利。

兵法上說：「依賴敵地供給食糧，則食糧不匱乏。」（『孫子』作戰篇）

【戰　例】

南北朝時代北周的武將賀若敦率軍渡過揚子江攻打陳國。陳國的武將侯瑱在湘州（湖南省長沙）迎擊。

當時正值秋季長雨，北周軍眼看著後繼的補給正因江水氾濫，使得水路和道路的交通斷絕而中斷，而日漸地焦慮起來。於是賀若敦派出一部分的兵力在鄰近之處進行掠奪以應軍需之急。

而且又害怕食糧不足的情形被侯瑱識破，因此，故意在陣地內堆土成丘，並在其上遍撒米穀。然後請附近村民到陣地內佯稱要向他們探聽情報，卻向他們展示堆積成丘的米穀。

經由村民得知這情況的侯瑱這邊的陳國將士都深信北周軍還有充分的食糧。接著，賀若敦更動員強化陣地、建築兵舍，表現出要進行持久的態勢。

當時湘州和羅州（湖北省房縣西北）之間的農村都因為戰亂而鬧飢荒，侯瑱的陳軍也為補給的事大傷腦筋，並且苦無對抗北周軍的策略。

後來陳軍獲得當地的人民用船運穀糧、雞、鴨等食物的補給。看到這情形的賀若敦深恐陳軍的補給源源不斷，於是假造當地居民的船，並在其內埋伏武裝士兵。

陳軍一見到有船靠岸就以為是送補給物資來的，而爭相出來迎接。這時埋伏在船內的武裝士兵趁機發動奇襲，俘虜陳軍的士兵。

同時，北周軍的陣營中經常有人騎馬逃出來投靠陳軍，侯瑱也都接納了。賀若敦命人牽一匹馬到船邊，然後下令船上的人用鞭子抽打那匹馬。這樣的事反覆做了幾次以後，馬因此變得有懼船症再也不敢登船。於是賀若敦便派兵在河邊埋伏，再派一名士兵騎上有懼船症的馬，假裝要向陳軍投靠。

侯瑱命令士兵賀船去迎接投誠者。當船到對岸準備讓馬上船時，馬了不聽指揮。當來迎接投誠者的陳軍也上岸幫忙而忙成一團時，埋伏的北周軍便衝出來將陳軍殲滅。此後，陳軍因為怕再中賀若敦的計，於是對送補給物資的船或要來投降的人都不敢接受。兩軍就在這種情況下對陣了一年多，但是，侯瑱最後還是無法戰勝賀若敦。（『北史』賀若敦傳）。

【解　說】

在現地調度食糧，這件事換一個角度說就是鼓勵掠奪。但這是時代因素使然，畢竟在古代戰爭中這是解決補給的良策。

在現代的戰爭中，補給也是影響勝負的主要因素之一。第二次世界大戰中，日軍在中國戰線上因輕蔑補給的重要，一味採行現地調度實行殘虐的掠奪行為，終於戰敗。

54 飽戰——德軍的閃電作戰為何失敗

凡敵人遠來，糧食不繼、敵飢我飽，可堅壁不戰、持久以避之、絕其糧道。彼退走，密遣奇兵，邀其歸路，縱兵追擊，破之必矣。法曰，以飽待飢。

【文　意】

敵軍長途行軍、補給不續，我方食糧充足而敵軍飢餓難飽，對固守持久戰以待敵軍疲憊，並徹底斷其補給路線。若敵軍開始撤退，暗中派遣奇襲部隊斷絕其退路，並以主力軍擊必可擊破敵軍。

兵法有言：「以糧食充足之勢，待飢餓之敵。」（『孫子』軍爭篇）

【戰　例】

唐初武德二年（西元六一九）以太原郡（以山西省太原之南為中心）做為根據地的劉武周，命令武將宋金剛駐守河東（山西省西南部）。

唐太宗（李世民）親自率軍前往討伐。太宗對部下說：

「宋金剛遠離太原自守，主力軍及勇猛統帥全聚集其中，劉武周親身鎮守太原而以宋金剛為後盾。望眼所見，宋金剛雖擁有強大兵力，其實外強中乾，四處掠奪物資乃糧食匱乏之兆。敵軍必渴望速戰速決。我方應以固守戰等待敵軍飢渴，不可立即攻擊。」於是派遣武將劉洪等，斷絕宋金剛的補給路線。

宋金剛軍隨即陷入恐慌狀態，開始緊急撤退。（『舊唐書』太宗本紀）

【解　說】

一八一二年拿破崙遠征莫斯科立即敗退，可說是食糧等補給不足造成決定性敗因的典型戰例。而重蹈覆轍的是希特勒的巴爾巴羅撤作戰。

一九四一年六月二十二日早晨，德軍突然開始攻擊蘇聯。德軍引以為傲的閃電作戰在各地擊破蘇聯軍，十一月底已經逼進莫斯科的城門口。開戰後五個月裡，德軍前進進擊約一千公里。

但是，德軍的進逼也到此為止。因為，對蘇聯軍而言，最大的援軍、擊退拿破崙的冬將軍——嚴寒來到了。

德軍的士兵只準備了夏服，也沒有白色的迷彩裝，補給路線拖延過長而中斷，同時也不可能升降飛機。德軍在物資缺乏下飢寒交迫，在零下四十度的酷寒中，自動手槍也結凍而只能單發射擊，對戰車砲的彈藥也因潤滑油結凍而無法裝進砲尾，戰車的引擎也無法發動。

而名將葛夫元帥所率領的蘇聯軍開始猛烈的反擊。蘇聯軍的士兵穿著可耐嚴寒的厚質鋪棉軍服，車輪上都裝有鐵鍊，所有的機械使用的是不凍油。蘇聯軍可說確實的實行了「飽戰」。

一九四二年三月底前，巴爾巴羅撤作戰的德軍所蒙受的損害，包括死者、傷者、行蹤不明者、俘虜、凍傷患者，高達一〇七萬三〇〇六人的龐大人數。

另外，拿破崙和希特勒開始進擊蘇聯的日期，竟然不約而同的是六月二十二日。

55 勞戰——避免勞累士兵的戰爭

凡與敵戰，若便利之地，敵先結陣而據之，我後去趨戰，則我勞而為敵所勝。法曰，後處戰地而趨戰者勞。

【文　意】

與敵人交戰時，敵軍先佔據有利的地形並完成戰鬥佈署時，出動較慢的我軍若急著應戰，只會倍嚐辛苦徒增疲憊而已，終究無法獲得勝利。

兵法有言：「後到戰場卻急著交戰者徒勞無功。」（『孫子』〈虛實篇〉）。

【戰　例】

西晉時代末期西元三一六年，西晉軍的總司令劉琨，命令部下姬澹率領十萬多的大軍攻擊石勒（後來建立五胡十六國的後趙）。

石勒正想出兵迎擊時，有一名部下前來進言說：

「姬澹所率領的西晉軍，都是精銳之選，不可與之正面交戰。這裏有深邃的護城河與高聳的城壁可做為持久戰的憑藉，只要以守代攻使西晉軍的士氣低落必能獲勝。」

石勒說：

「如今姬澹出兵千里迢迢行軍至此，必定兵疲馬困，不但毫無隊形而且軍紀鬆弛，只要一戰便可將之擊敗，絕非什麼精銳部隊。而且軍隊一旦進入戰鬥狀態，如果中途退怯，一定會落得被姬澹趁機追擊的下場。如此一來，連想要退回來固守城池的時間都沒有了。這無意是不戰自滅。」

說完，便將該部下當場處刑。

石勒命令孔萇為先鋒部隊的指揮官，同時嚴格地命令全軍延誤命令者處斬。然後裝出將多數士兵集在山上的態勢，暗地裡卻在山路地帶埋伏了二處奇兵。

石勒在發動攻擊之初，假裝因狀況不利而命令軍隊後退。姬澹信以為真而下令全面追擊。

這時，石勒的伏兵趁機出動前後夾擊，姬澹慘遭大敗而逃亡。（『晉書』〈石勒記〉）

【解　說】

姬澹率領的西晉軍號稱是十萬大軍，的確對石勒軍造成威脅。但是，西晉軍千里迢迢前來作戰，而採取石勒的部下所進言的持久戰，等待敵軍的疲憊與補給的匱乏可說是順理成章的作戰方式。但是，石勒的狀況判斷更有獨到之處。

迎擊西晉軍的石勒軍早佔有地形之利。既然佔有地形之利，故意僵持不戰對自軍毫無益處。同時，若讓命令已進入戰鬥狀態的將兵們撤退到城堡內，將對軍隊的士氣造成重大的影響。基於這些判斷，石勒決定主動向西晉軍挑釁，促使與敵軍早期決戰。

另外，石勒所運用的以退為進，誘導敵軍深入自軍陣地再發動包圍殲滅的夾擊戰法是與坎尼之戰（參照19「強戰」的解說）共通的戰法。

56 佚戰——忌諱鬆懈與驕傲

凡與敵戰，不可恃己勝而放佚。當益加嚴厲以待敵，佚而猶勞。法曰，有備無患。

【文　意】

與敵人交戰之際，即使已經獲勝也不可因此而鬆懈。勝利之後尤其需要加強嚴密的戒備，安逸時更需要保持到苦勞時的心情。

兵法有言：「有充分的準備才不會有災難。」（『春秋左傳』襄公十一年）

沒有戰例。

【解　說】

一九四八年建國以來，由於周圍被聯邦各國所包圍而經常處於緊張狀態的以色列，雖然在第一次中東戰爭（一九四八年──四九年的獨立戰爭）、第二次中東戰爭（一九五六年的蘇伊士戰爭）、第三次中東戰爭（一九六七年的六日戰爭）中獲得連勝，然而不可否認的是，以色列卻也因此而產生了鬆懈與驕傲之心。

尤其是在第三次中東戰爭中以色列發動奇襲作戰，在開戰的第二天就摧毀阿拉伯方面的飛機共四一六架（其中有三九三架是在地上炸毀），完全奪取了制空權，在地面作戰方面也壓制了阿拉伯各國，而佔領西奈半島、約旦河西岸、戈蘭高地，總共只花六天的時間就結束戰爭。獲得亮麗的勝利。

但是，這個大勝利卻連帶使以色列因此而輕蔑阿拉伯的軍事能力。後來，以色列雖然透過優秀的情報部掌握到埃及軍隊頻繁活動的事實。但是，情報分析的結論認為「在六日戰爭中埃及應該已經得到教訓才對。而且埃及也沒有制禦我國空軍的飛機，因此，埃及尚不可能發動作戰」。

同時，會讓以色列做如此判斷的另一項理由是，埃及方面把其軍事活動很巧妙地掩飾成軍事演習而已。

另外，埃及也得到蘇聯的軍事援助，而早已在蘇伊士運河的作戰領域上空佈下了全世界最嚴密的防空飛彈網。藉此封鎖以色列的空中優勢。

一九七三年十月六日下午二點，埃及、敘利亞兩國的軍隊同時對以色列發動奇襲作戰。藉著防空飛彈網對以色列空軍封鎖的威勢，阿拉伯的軍隊終於大破以色列的裝甲部隊而獲得中東戰爭以來最大的戰果。

最後由於美國的軍事政治的援助以色列才開始反擊。發動奇襲作戰成功的阿拉伯各國，雖然無法保住當初的戰果，但是，在政治上卻獲得莫大的勝利。

57 勝戰——戰勝後更要繫緊鋼盔帶

凡與敵戰，若我勝彼負，不可驕惰。當日夜嚴備以待之。敵人雖來，有備無害。法曰，既勝若否。

【文　意】

與敵人交戰即使獲得勝利也不可因此而驕傲或放心鬆懈，當天晚上更應該採取嚴密戒備的態勢，如此即使敵人發動偷襲也不會受到傷害。

兵法有言：「即使已經獲得勝利仍然必須像未獲得勝利時那樣嚴密地警戒。」

【戰　例】

秦二世皇帝在位時，西元前二〇八年統率反亂軍的項梁命令部下劉邦、項羽率兵攻陷城陽（山央省鄄城之東南），同時自己也率兵西進，而在濮陽（河南省濮陽之西南）之東擊破秦軍。秦軍收拾殘敗士兵固守濮陽。

劉邦和項羽繼續出兵攻擊定陶（山東省定陶之西北），因為戰績不彰轉而攻掠西方而出兵雍丘（河南省杞縣），秦軍大敗，武將李由也戰死。接著兩人又出兵攻打外黃（河南省蘭考之東南）。

項梁眼見自己的部隊連戰皆捷便開始鄙視秦軍，而且也逐漸自大傲慢起來。

部下宋義看到這種情形於是提出忠告說：

「兩軍交戰即使獲得勝利，但是，司令官卻因此而自大、部下因此而鬆懈，結果一定會失敗。現在我軍的士兵稍有鬆懈，而且秦軍卻日益增強。我非常擔心這個現象。」

可是，項梁卻聽不進這個忠告，而以使者的名義將宋義派遣到齊國。

宋義在赴齊的途中遇到齊的使者高陵君顯，而對他說：

「您是否要到項梁將軍那兒去呢？」

「是的。」

「依我所見，項梁將軍必然會戰敗。現在急著去可能遭遇不測，但是，慢一點去或許可免殺身之禍。」

後來秦國動員全國兵力，命令章邯為統帥攻打項梁的軍隊。結果章邯所率領的秦軍在定陶大敗項梁的軍隊，項梁因而戰死。（『史記』〈項羽本紀〉）

＊與本文類似表現的有『司馬法』〈嚴位〉「凡戰，若勝、若否、若天、若人。」

【解　說】

這次的勝利卻成為下次敗北的原因，這種事情並非絕無僅有。因為所獲得的勝利愈大，愈會讓人陶醉於勝利的模式，而喪失了革新的心。

在第二次世界大戰中，日本海軍的失敗其原因之一也是因為在日俄戰爭中，獲得日本海戰役的全面勝利所致。正因為日本海戰役的勝利過分完美，而導致日本海軍在日後與美軍作戰時仍然拋不開艦隊決戰的思想和大艦巨砲主義。

在開戰初期的偷襲珍珠港和馬來群島海戰中，日本海軍雖然以親身體驗證明了沒有飛機援護的艦隊無法應付敵人飛機攻擊的事實，但是，能夠記取這個教訓的卻是美國的海軍。

果然從太平洋戰役的轉捩點中途島戰爭以後，日本海軍的船艦即一一地被美國的飛機所擊沈。尤其是大戰末期的一九四五年四月，在沖繩島戰役中包括日本最引以為傲的大和戰艦和一艘輕巡弋艦、四艘驅逐艦的艦隊，全部被美軍的飛機所擊沈。在此戰役之後，日本的海軍已經名存實亡。

在這次的戰役中，美軍僅僅損失十架飛機而已。

58 敗戰——從失敗中學習下次的勝機

凡與敵戰，若彼勝我負，未可畏怯。須思害中之利，當整勵器械，激揚士卒，候彼懈怠而擊之，則勝。法曰，因害而患可解也。

【文　意】

與敵人交戰時，即使失敗，也決不可意氣沮喪。凡事害中必有其利，要虛心檢討，重整武裝，重新提高士兵的士氣，等待敵人在勝利之後，士氣鬆懈、疏忽戒備時再發動攻擊，如此便可獲得勝利。

【戰　例】

兵法有言：「若能從不利之中發現有利之處，憂患自然解除。」

西晉時代末期，西元三〇三年，關中（函谷關以西之地）的皇族河間王司馬顒，命令張方率兵攻打同是皇族的長沙王司馬艾。

張方率領大軍從函谷關（要害之地，古函谷關位於河南省靈寶的東北，新函谷關則在河南省新安的東方。此處是指新函谷關）進入河南郡（以洛陽為中心）。

當時的皇帝惠帝命令皇甫商出兵迎擊，張方發動偷襲大破皇甫商，最後攻進首都洛陽（河南省洛陽的東北）。於是長沙王司馬艾又奉惠帝的命令，帶兵在洛陽城內展開街道戰。

張方軍的士兵只要遠遠地一望見惠帝所乘坐的轎輿，便開始恐慌後退，儘管張方再如何地試著激勵，一點效果也沒有，最後張方的軍隊只好敗退，洛陽城內滿街遍地的死傷者。

張方將軍隊撤退到十三里橋（洛陽之西），士兵們個個意氣消沈，戰意全無。有很多部下私自勸張方，趁夜陰之際撤兵。

可是，張方說：「勝敗乃兵家常事，往往大勝利總是在敗北之後才獲得的。我軍剛剛吃了一個敗戰，但是，如果現在馬上發動攻擊，疏忽大意的敵人一定會措手不及，這才是真正的兵法。」

於是當天晚上，張力隱密地調動部隊，逼進到只距離洛陽七里的地方。

長沙王司馬艾在獲勝後，心情鬆懈毫無警戒，在張方的軍隊突然出現的時候，才慌慌張張的準備應戰，但是，為時已晚，終於大敗。（『晉書』〈張方傳〉）

＊與本文類似表現的有『孫子』〈九變篇〉「雜於害，而患可解也。」

【解說】

「敗戰」的訓示，對戰勝者來說是要顧慮如何不讓戰敗者留有憎惡怨恨。

一八六六年的普奧戰爭（又名七週戰爭），新興國家普魯士對抗大國奧地利，竟然出人意料獲得壓倒性的勝利。成就這次勝利的背景則是普魯士軍參謀總長毛奇將軍卓越的戰爭指導。當時獲得勝利的普魯士軍主張進軍維也納城。可是，有「鐵血宰相」之稱的俾斯麥卻斷然反對。

俾斯麥的目的是，普魯士的目標是主導德國統一，而鄰近國法國的存在卻是這項統一大業的障礙。為了統一德國，遲早必定要和從中做梗的法國交戰不可。到時候，為了避免兩面作戰的危險，必須要促使奧地利保持友好的中立，因此，現在正是施以恩惠的時機。於是俾斯麥強制壓抑普魯士內部強烈的反對聲浪，而與奧地利簽定無割讓、無賠償的和平條約。

一八七〇年七月普法戰爭終於爆發。普魯士在毛奇將軍優越的作戰計劃下對法國可說是連戰皆捷。最後終於攻陷色當城，並且俘擄了拿破崙三世，同時也包圍巴黎。普魯士軍獲得了大勝利。可是，正因為這個勝利太過完美無缺，使得普魯士的國王和軍方都陶醉在大勝利之下，而一點也沒有替俾斯麥留下可以做為外交交涉的餘地。

一八七一年一月十八日，普魯士國王在巴黎近郊的凡爾賽宮舉行戴冠儀式，即位成為第一代的德意志皇帝，德意志帝國正式誕生。同時，在五月十日與法國締結了休戰協定，要求法國賠償五十億法朗和割讓阿爾塞斯、洛林兩地。這對戰敗的法國來說簡直是奇恥大辱。

法國對德意志的憎惡感情，最後正如歷史所示終於成為第一次世界大戰的導引線。

59 進戰——別錯失進擊的良機

凡與敵戰，若審知敵人有可勝之理，則宜速進兵以擣之，無有不勝。法曰，見可則進。

【文　意】

與敵軍作戰時，若能掌握獲勝的契機，應迅速給予攻擊。若能迅速掌握勝機，戰無不勝。

兵法有言：「可進擊時應進擊。」

【戰例】

唐朝李靖被任命為定襄道（內蒙一帶）的軍隊統帥後，即徹底地掃盪土耳其的遊牧民族突厥。突厥首領頡利可汗逃至穿越鐵山（內蒙自治區陰山山脈之北）的地帶，派遣使者到唐朝廷謝罪，懇願舉國服從唐。

朝廷命令李靖接納突厥的投降之請。但是，頡利可汗是表面假裝服從而內心卻另有計謀。李靖察覺這一點。朝廷首先派遣外交使節鴻臚卿唐儉等到突厥。

李靖向副元帥張公謹說：

「當外交使節到達時，頡利可汗必放心而掉以輕心。這時若讓一萬騎兵攜帶二十日份的食糧，經由白道（陰山山脈中之道）給予奇襲，必可大勝。」

張公謹詢問說：「皇帝陛下已認可頡利可汗的投降，同時，我國外交使節也滯留當地，這當如何處置？」

「千萬不可錯失良機。從前漢朝名將韓信也無視和平交涉攻打齊而征服齊，唐儉等輩已無關重要。」李靖回答說。

隨及命令大軍出發，在陰山山脈與一千餘名突厥的偵察部隊遭遇。將其全員逮捕並命令隨行。

這時，頡利可汗正迎接唐外交使節團，龍心大喜毫無警戒。

李靖的先發部隊在適時的霧氣掩護下快速前進。突厥察覺時，唐軍已經逼進離頡利可汗的天幕僅只七里之處。

頡汗可汗慌張地命令準備應戰，然而為時已晚。唐軍徹底擊破突厥軍，突厥軍有一萬人以上戰死，俘擄男女達十萬人以上。其中唐軍並逮捕頡利可汗的兒子，殺死其妻獲的大勝利。時當西元六三〇年。

頡利可汗雖然終於脫逃，日後仍被大同道（以山西省大同為中心）軍的副統帥逮捕。此後，唐朝領土因而越過陰山山脈擴展到山脈前的沙漠地帶。（『新唐書』李靖傳）

＊與本文類似表現的有『吳子』料敵中的「見可而進」。

【解　說】

戰例中所提韓信的故事是發生在西元前二〇四年。

韓信奉劉邦之令討伐齊，在行軍途中得知因外交使節酈食其的交涉，齊已降服的消息，於是打算停止進軍。但是軍師蒯通卻進言說：

「我們奉命攻打齊國，同時，殿下又派遣密使說服齊國投降。但是，我們並未曾接獲停止攻打齊國的命令。而且，酈食其憑三寸不爛之舌而降服齊國七十餘城，而將軍您率領十萬大軍轉戰各地一年有餘，好不容易才攻下趙的五十餘城。數年來高居大軍統帥之位，難道不及一介白面書生。」

聽到這番激勵，韓信下定決心，率領大軍攻入完全沒有防備的齊，使齊國大敗。而齊國以為是被酈食其出賣，而將之處以烝鍋之刑。

若見勝利的良機，即使多少有違道義原則，仍應果敢地採取攻擊。但在近代戰中，外交上的背叛行為可能在國際輿論間樹敵。縱然以戰術獲勝，卻可能因戰略而失敗。譬如，在正式宣戰之前，日本軍偷襲珍珠港，在戰術上雖然獲得勝利，這種「暗中攻擊」激怒了美國人，造成美軍團結一致對抗日軍的二次大戰的珍珠戰役，可說是「進戰」的絕好例子。同時，二次大戰中在美國的日僑所體驗的苦難，可能和戰役中被軍人背叛的唐外交團的苦惱共通吧。

60 退戰——撤退也是重要的戰略之一

凡與敵戰，若敵眾我寡，地形不利，力不可爭，當急退以避之，可以全軍。法曰，知難而退。

【文 意】

與敵軍作戰時，若敵軍兵力比我方多，處於不利的地形，又毫無勝算時，應迅速撤退，謀求兵力的保存。

兵法有言：「行事不利時應退。」（『吳子』料敵篇）

【戰　例】

西元二四四年，三國時代魏統帥曹爽與司馬昭奉命遠征蜀漢，率大軍通過駱谷（陝西省周至之西南）到達興勢（陝西省洋縣之北）。

蜀漢軍王林夜襲而來。但是，司馬昭命令魏軍千萬不可出擊。當王林退卻後司馬昭說：

「蜀漢統帥費禕當今固守要害之地，我軍即使前進與之作戰，也毫無勝算。應即刻退軍，重新商討對策。」

曹爽立即命令魏軍撤退。

後來費禕率蜀漢軍迅速平定三嶺（陝西省周至之西南）的要衝之地，想斷絕魏軍的退路。但是，魏軍早以暗中撤軍完畢。（『晉書』文帝紀）

【解　說】

第二次大戰時，一九四三年七月在美軍完全掌握制空權、制海權的狀況中，日本軍為了救出阿留香群島機司卡島的守備隊，在濃霧掩護下率領十三艘船潛入灣內，巧妙地撤退六千餘人的戰例，可說是「退戰」的好例子。

61 挑戰——別聽信挑撥

凡與敵戰，營壘相遠，勢力相均，可輕騎挑攻之。伏兵以待之，其軍可破。若敵用此謀，我不可以全氣擊之。法曰，遠而挑戰，欲人之進也。

【文意】

與敵軍作戰時，當彼此戍守陣營的兵力相當時，若能利用輕騎兵挑撥誘敵，再利用事先埋伏的伏兵給予奇襲，必可破敵。相反地，當敵軍利用此戰術時，絕對不可舉軍迎擊。

兵法有言：「由遠方行軍而來的敵軍前來挑戰，是為了誘導我方出擊。」

【戰例】

西元三五七年，五胡十六國時代，西藏系羌族的首領姚襄以黃落城（陝西省銅川之西南）為根據地，擴張勢力。

前秦皇帝苻生命令武將苻黃眉、鄧羌率騎兵與步兵攻擊姚襄。但是，姚襄以深壕、高牆為憑藉固守陣營，不出陣迎擊。

「姚襄乃頑固、好強的性格，極易動怒。今派遣騎兵攻擊其陣地中心，姚襄必激怒而反擊。如此只要一戰即可捕獲姚襄。」

聽從鄧羌此番進言的苻黃眉，立即命令鄧江率騎兵三千逼進姚襄陣地之門，然後佯裝敗北，命令部下退軍。

看到此番情況，姚襄勃然大怒，立即打開正門率主軍出擊。姚襄追擊撤退的鄧羌之軍來到三原（陝西省淳化之東北）鄧羌才展開猛烈的反擊。這時，苻黃眉也率軍來到。激烈的戰鬥後，結果姚襄戰死，其他士兵皆成為俘虜。（『晉書』苻生記）

＊與本文類似表現的有『孫子』〈行軍篇〉「遠而挑戰者、欲人之進也。」

【解　說】

所謂的「挑」是指挑撥。藉由挑撥釀成戰爭的近代戰例，是普法戰爭（一八七〇～七一）。

歐洲國家中最晚統一的是德國。對於普魯士想要把境內分裂的各個小國統合為一的動向，相鄰法國卻始終居中破壞。因為，鄰近若有大國產生對自己國家的安全保障會帶來威脅。

一八六六年，與奧地利的普奧戰爭獲勝的普魯士，成立北德聯邦，打算由普魯士完成德國的統一。但是，最大的障礙來自法國。為了完成德國統一，無論如何必須制服法國。普魯士開始進行戰爭準備，接著再設法挑撥法國捲入戰局。

一八七〇年七月，住在普魯士的法國大使，在修養地葉姆斯與普魯士王針對外交問題會談。從國王傳來的電報中得知會談內容的鐵血宰相普魯士首相俾斯麥心生一計。在電文中故意動手腳，以法國大使對普魯士王無禮的內容刊登在各報紙上。

閱讀報紙的普魯士人民及法國人民都群起忿恨，兩國的關係因而急速惡化。終於法國政府向普魯士宣戰。

首先開戰的是法國，普魯士以兵來將擋的姿態進入戰局。但是，早已做好作戰準備的普魯士動作極為迅速。在各地擊破法軍，並在錫丹包圍法王拿破崙三世，終於迫使法皇及八萬二千名法軍降服。

這是普魯士壓倒性的勝利。翌年一月，普魯士王威廉一世在敵國法國的凡爾賽宮即位為德國皇帝，而成立了德國帝國。

62 致戰——誘敵而不受誘

凡致敵來戰，則彼勢常虛。不能赴戰，則我勢常實。多方以致敵之來，我據便地而待之，無有不勝。

法曰，致人而不致於人。

【文　意】

若能誘敵軍陷入我軍之計謀，使敵軍陷入不利的態勢或無法作戰，我軍則處於有利地位。若能誘騙敵人且事先在有利地形等待必可獲勝。

兵法有言：「掌握對方於股掌間而落入對方的掌握中。」（『孫子』虛實篇）

【戰　例】

後漢時代初期，建武五年（西元二九年），光武帝（劉秀）將前來投降的將兵重新編列命令耿弇為其統帥。

耿弇為了討伐張步率軍東進。

張步得知此情後，命令部下費邑鎮守歷下（山東省濟南），並分派一部分兵力駐屯祝阿（山東省濟南之西），又在泰山郡（以山東省泰安為中心）的鍾城（山東省濟南之南）佈下數十陣地待命。

耿弇渡過黃河後即攻陷祝阿，並故意敞開部份包圍網讓敵軍士兵逃亡到鍾城。鍾城的守軍從敗走的士兵口中得知祝阿已經淪陷事實，各個膽顫心驚，紛紛棄城逃亡。

費邑將部分兵力撥給弟費敢，命其鎮守巨里（山東省章丘之西）。

當耿弇大舉攻入巨里時，在足以威壓巨里的位置停下軍隊。命令全軍準備攻城的道具，同時宣稱三日後將發動總攻擊，並故意放走從巨里出來的逃亡者。讓逃亡者向費邑傳達總攻擊的日期。

到了這一天，費邑親率精銳部隊前來救援。

耿弇對部下說：「我命令準備攻城道具是為誘導費邑出城。若能在會戰一決勝負，攻城就不難了。」

然後命部份兵力牽制巨里，自己親率主力軍登上小山丘佈陣。在山丘上運用有利地形與費邑作戰，終於給與擊破。費邑戰死。當費邑的頭顱送達巨里時，巨里城內人心動搖，費敢終於放棄巨里逃回張步的陣營。

耿弇將殘留在巨里的物資全部沒收。接著將附近的陣地全部擊破，攻下四十餘城後終於平定濟南郡（以山東省章丘為中心）。（『後漢書』耿弇傳）

【解說】

一九四二年六月的中途島海戰，以日本的慘敗結束。然而，這場海戰本來是日本海軍所渴望的戰役。

日本軍先偷襲珍珠港，給美國海軍極大的打擊。但是，卻沒有擊中航空母艦，日軍知道若要確保太平洋海域的制空、制海權，必須摧毀航空母艦群。因此，日軍所採用的戰術是藉由攻佔戰略據點的中途島以引誘美軍的航空母艦，再給予殲滅的戰術。

從某一個角度來看，戰爭的演變都在日本軍的計算之中。因為他們成功地誘出美軍的航空母艦群。但是，美軍卻藉由暗號解讀而事前正確性地掌握日軍作戰的計劃，反而將計就計擊垮日本海軍。

遭受奇襲的日本海軍第一機動部隊，其中的四艘航空母艦全部喪失。而美軍所損失的航空母艦只有一艘。

意圖「致戰」的日本軍，反而因美軍的「致戰」而慘敗。

63　遠戰——欺敵

凡與敵阻水相拒，我欲遠渡，可多設舟揖，示之若近濟。則敵必併衆應之，我出其空虛以濟。如無舟楫，可用竹木蒲葦罌缶瓮囊槍杆之屬，綴爲排筏，皆可濟渡。

法曰，遠而示之近。

【文　意】

與敵軍隔川對峙的情形下，若要實施暗中由他處渡河的戰術時，應在附近集中渡河用的器材等，使敵軍誤以為我軍欲從正面渡河攻擊。敵軍為了防堵我軍渡河，必集中兵力備戰。這時，便可發動突擊敵軍兵力薄弱的部分，從偏僻的場所開始渡河。若船隻不足，則利用竹、木或蒲與葦、土瓶及槍柄等做成筏即可輸送士兵。

兵法有言：「處於遠方必要佯裝若在近處。」（『孫子』始計篇）

【戰　例】

漢初，漢與楚為爭霸天下而戰，魏王豹本來歸順漢劉邦卻以父母之病為由回國，一歸國立即堵住蒲津關（陝西省蒲州、黃河的渡口）背叛漢朝與楚結盟。漢劉邦派遣使者前往說服，魏王豹的心意卻不變。

於是劉邦命韓信討伐魏王豹。魏王豹將大軍集結蒲坂（山西省永濟之西），以防止漢軍進入蒲津關。

韓信虛張軍勢佯裝正聚集大軍，廣結船隻要渡過蒲津關的態度。同時，暗中命令其他部隊從夏陽（陝西省韓縣）利用龜甲製成的船筏渡過黃河，突襲安邑（山西省夏縣之北）。

魏王豹對勢態的巨變大為震驚，束手無策隨即向韓信降服。（『史記』准陰侯列傳）

【解　說】

西元一九一五～一六年第一次世界大戰時，聯軍對土耳其葛利伯爾半島採取的攻擊戰，是近代戰中登陸作戰失敗的例子。

這個作戰是想藉由攻擊土耳其牽引德軍到東面作戰，以打破西部戰線的膠著狀況。

但是，登陸作戰時，對於土耳其軍的實力過於輕視的聯軍呈露了情報不足、統率力不足等眾多缺點。在敵軍嚴陣以待的態勢下登陸而慘遭落敗的結果。

一九一四年十一月英國海軍於答答尼爾斯海峽入口展開砲擊海岸砲臺的作戰，土耳其軍雖然應戰，但英國卻只在獲得其射程距離的確認後即滿足而歸。其實，當時的土耳其的防衛尚未堅固。一般認為以英國海軍的實力要獨自侵入答答巴爾斯海峽應該是綽綽有餘，結果令土耳其軍及德國指揮官產生警戒心，事後馬上加強固守防備。簡直是違背了「遠戰」的戰法。

聯合軍的攻擊終於展開。但是，英、法的大艦隊因土耳其軍所佈下的水雷沉沒了三艘戰艦、另有三艘戰艦重創，損害慘重而中止了海峽突破作戰。接著改由陸軍部隊登陸葛利伯爾半島，實行佔領作戰，但由德軍利曼・豐・查德魯斯將軍所指揮的土耳其軍的陣地早已巧妙且完善地做好防備工作。登陸的聯合軍士兵受到處於高臺的土耳其軍的砲擊，四面受敵無法動彈，死傷者不計其數。

一九一六年一月，終於從葛利伯爾半島開始撤退。原有四十八萬人的英、法、紐、奧聯軍，死傷者超過二十五萬人，等於只是在西戰線上一再重演著消耗戰而無功而返。

64 近戰——採取假作戰

凡與敵夾水為陣，我欲攻近，反示以遠。須多設疑兵，上下遠渡，敵必分兵來應。我可以潛師近襲之，其軍可破。

法曰，近而示遠。

【文意】

與敵軍隔川對峙時，為讓敵軍無法掌握我方渡河地點，應佯裝由遠方的上游或下游渡河。如此一來，敵軍為阻止渡河不得不分散兵力防備，當敵軍兵力分散在遠處時，由近處給予攻擊必可勝利。

兵法有言：「即使接近敵人應佯裝遠之。」

【戰例】

戰例與「夜戰」同樣。請參照「夜戰」。

＊與本文類似表現的有『孫子』〈始計篇〉中「近而示之遠」。

【解說】

近代戰中最具效果卻也最危險的，是敵前的登陸作戰。

這時最為重要的是如何向敵軍掩飾登陸地點。

電影『六月六日斷腸時』中眾所知名的第二次世界大戰的D日（一九四四年六月六日），聯軍所採取的諾曼第登陸作戰的成功，可說大部分要歸功於事前巧妙欺瞞德軍登陸日期及登陸地點。

匯集在英國本土的聯合軍登陸部隊具有陸軍三十九個軍團、軍用機約一萬一千輛、輸送機二千三百架、滑空機二千六百架、軍艦、輸送船、登陸用洲艇六千艘以上的巨大兵力。總司令官是美軍的艾森豪上將。

對於早已明白聯軍登陸北非已勢在必行的德軍，聯軍確實地實行了欺瞞登陸地點的作戰。當聯軍的登陸部隊聚集在英國西南部時，卻在東南部大舉建造假房舍，並集結戰車、登陸用戰艇以吸引德軍注意。

另外，D當天在卡雷一帶從飛機及船上撒下好幾噸的金屬片，這些反應在德軍的雷達網上都變成是飛機及艦船的訊號，結果德軍十九個師團都將目標鎖定在卡雷一帶。

這個欺瞞作戰巧妙地成功，而且在D日當天由於天候不佳，德軍統帥隆梅爾將軍認為聯軍不可能登陸作戰，而告假回到故鄉。

D日當天即六月六日當天，十五萬以上的聯軍士兵終於登陸到諾曼第海岸。

65 水戰——名將韓信的智慧

凡與敵戰，或岸邊爲陣，或水上泊舟，皆謂之水戰。若近水爲陣者，須去水稍遠。一則誘敵使渡，一則示敵無疑。我欲必戰，勿近水迎敵。恐其不得渡。我欲不戰，則拒水阻之，使敵不得濟。若敵率兵渡水來戰，可於水邊伺其半濟而擊之，則利。

法曰，涉水半渡可擊。

【文　意】

與敵軍作戰時，不論是在岸邊佈陣或是在船上佈陣都可稱為水戰。在岸邊佈陣時，應儘可能遠離河川，其一是為了讓敵軍渡川，其二是為了不使敵軍存疑。另外，在攻擊時應在離岸之處，否則，敵軍可能會放棄渡河。當不用與敵軍作戰時，應在上游做妨礙工作，阻止敵軍渡河，如果敵軍渡河前來，若能在川邊伺機等待，當敵軍人馬半數渡過河川時發動攻擊必定獲勝。

【戰　例】

兵法有言：「敵軍渡川，在敵軍半數渡過河川之際給予攻擊。」（『吳子』〈料敵〉）。

西元前二〇三年，漢初武將韓信攻打齊國時，韓信之軍首先以奇襲攻佔齊國之都。楚國看見齊汲汲可危，與其聯合準備迎擊韓信之軍。

一名部下向楚武將龍且進言說：

「漢兵在遠離故鄉的狀況下作戰，其事非比尋常。而楚與齊兵在國內作戰，士兵思慕家鄉容易逃亡。在此應固守城壁徹底防備，同時派遣使者到已陷落的齊城激勵反擊。他們得知齊國健在而楚軍又前來支援時，必定士氣大增奮起迎敵。現在漢軍處於遠離國境二千里之地，若齊所有城市皆背叛漢朝，當然無法獲得糧食，不戰則降服了。」

但是，龍且說：

「我非常清楚韓信的為人。他是恐懼爭鬥甚至願意低頭穿過他人胯下（韓信胯下之辱的故事）。是很容易攏絡的人，不久必降服。而且，我們今以救援齊軍之名參戰，若不戰而使之降服，將無功績。若能一戰將之擊潰，齊之大半必定落入我手中。怎可錯失良機。」

於是龍且所率領的楚軍與韓信率領的漢軍橫隔著濰水（山東省東部的濰河）對峙。

韓信分析地形與情勢之後，夜晚命令士兵製作一萬餘個袋子，其中裝滿沙土，堵住濰水的上游。

接著讓半數漢軍渡過河川攻擊楚軍，然後佯裝敗北迅速撤軍。看到這般情況，龍且心喜地說：「早知道韓信乃膽小之輩，果然不出所料。」

於是楚軍追擊撤退的漢軍，渡河攻打過去。

韓信命令士兵迅速將堵住上游河水的沙袋一併取走，大水渲洩而下，楚軍大半無法渡河。這時率領漢軍給予突擊。

龍且戰死，岸上的楚軍士兵個個成鳥獸散，齊王也逃亡。

韓信趁勝追擊敵軍，終於完全地平定了齊國。（『史記』〈淮陰侯列傳〉）

【解　說】

戰例中的「韓信胯下之辱」是韓名將韓信年輕時候的軼事。

胸懷大志卻未獲賞識，過著貧苦生活的韓信，有一天被街頭的小混混纏住。

「你雖然長得身強力壯握大刀，內心卻膽小如鼠。若敢刺殺我就試看看。否則就從我的大腿下穿過。」

即使對方是小混混，動刀恐怕會殺了人。認為和這種小混混對敵而葬送自己一生太不值得的韓信，真的趴在地上穿過那個小混混的大腿而避開一場糾紛。結果變成了韓信乃膽小之輩的謠傳之源。

另外，第二次大戰中的塔拉瓦之戰，亦是中途阻止渡河作戰，造成敵軍莫大犧牲的近代的戰例。

一九四三年十一月，美國海軍對中太平洋上基爾巴諸島的塔拉瓦環礁，採取登陸作戰。陣守此地的日本軍在所有海岸線佈下難以察覺的陣地和據點，將全部火力集中在美軍登陸的地點，確實地實行了在岸邊給敵軍擊破的戰術——「水戰」。

美軍在登陸之前即展開猛烈的砲擊。但是，日本軍的火力並未因此稍減。後來撞上珊瑚礁，為砲火擊破的登陸艇陸續出現，其海軍士兵必須從水淹胸口的海中走到岸邊。而在其登陸之後，日本守衛隊再以猛烈的砲火攻擊毫無防備的美軍，在三日的作戰中美軍的死傷人數高達三千人以上。

除非精密的地圖，否則無法找尋的這個塔拉瓦小島的爭奪戰，給美國海軍帶來極大的犧牲。但是，塔拉瓦戰爭的教訓成為日後太平洋戰爭中美軍登陸作戰的借鏡。

66　火戰——顛覆日本的燒夷彈威力

凡戰，若敵人近居草莽，營舍茅竹，積芻聚糧，天時燥旱，因風縱火以焚之，選精兵以擊之，其軍可破。

法曰，行火必有因。

【文　意】

作戰之際，敵軍宿營地附近若有草叢或用茅草、竹片建造而成之兵舍、糧秣集中於一處時，在空氣乾燥、刮起強風時，可放火使敵軍陷入混亂。再伺機出動精銳部隊攻擊必可破敵。

兵法有言：「給敵軍放火必有作戰之理由。」（『孫子』火攻篇）

【戰　例】

後漢時代，靈帝中平元年（西元一八四），皇甫嵩與朱儁率領後漢軍鎮壓黃巾之亂。黃巾首領波才大敗朱儁之軍，接著又在長社（河南省長葛之東北）包圍皇甫嵩之軍。波才之軍在草叢中架設兵舍，當時碰巧刮起了強風。

皇甫嵩命令士兵攜帶松火、登上城壁。同時，暗中派遣精銳部隊出城，從包圍網外側順風放火。精銳部隊放火時群起吆喝而突擊。城兵也高舉松火與之對應。皇甫嵩急鳴大鼓，命令突擊敵陣，波才之軍陷入大混亂。

這時，奉命前來鎮壓黃巾之亂的曹操率軍也適時趕到，前後夾擊之下，波才之軍被徹底地擊潰，死傷人數高達數萬人。（『後漢書』皇甫嵩傳）

【解　說】

第二次大戰時，美軍對於日本本土的砲擊採取了從高空對軍需工廠等重要戰略據點轟炸的方針。但是，長期海上飛行及變化莫測的日本上空天氣，再加上日本軍機的側身攻擊，受害極大而效果不彰。

因此，新任司令官的卡基斯・盧內少將所下達的作戰方針是，命令具有可大量搭載砲彈能力的大型軍機從低空飛往日本上空，對其主要都市採取夜間的燃燒彈轟炸。乃是對都市採取無目標的砲擊。

此作戰是基於燒毀木造為主的日本都市，以M69燃燒彈就足夠的計劃，可說是確實地實行了「火戰」。

結果，由塞班島基地飛馳而去的空中要塞——B29接二連三的燒毀日本本土。燃燒彈一旦在空中炸裂，即在空中分解為七十二發燒夷桶，像火雨般降落而下。在一九四五年三月九日深夜到十日的東京大空襲中，約有B29三百架左右在東京的下町投下了一百九十萬發的燒夷彈，在當時強風的助威下，變成一場火災狂瀾，這個空襲燒毀了東京的四成土地，死者高達十萬人損失非常慘重。

67　緩戰——豐臣秀吉的小田原攻城作戰

凡攻城之法，最爲下策，不得已而爲之。所謂三月修器械，三月成距堙者，六月也。謂戒爲己者，忿躁不待攻具而令卒蟻付，恐傷人之多故也。若彼城高池深，多人而少糧，外無救援，可羈縻取之，則利。

法曰，其徐如林。

【文　意】

攻城乃最下之策，只在不得已的情況下行之。準備攻城的道具要三個月，對抗城壁的土堆要花費三個月、六個月做準備，這乃是擔心輕率攻擊會招來莫大的損失。即使城壁高聳、城壕深掘，但城內人多而糧食少，又無外部救援時，採取包圍攻擊就有十分勝算。

兵法有言：「如林挺息待機。」（『孫子』〈軍爭篇〉）

【戰　例】

西元三五六年，五胡十六國時代，前燕武將慕容恪攻打廣固（山東省益都之西北）的段龕，並將其包圍。

部下多人都渴望儘早發動總攻擊，然而慕容恪說：

「戰中有持久戰較為有利的狀況及速攻較為有利的狀況。敵軍與我軍兵力相當，而敵軍可能從外部獲得強大援軍時，恐怕會使我軍遭到夾擊戰。若不迅速攻下敵城情況極為危險。而我軍兵力大於敵軍，敵軍又無援軍時，應給予重重包圍伺機等待其衰弱。『孫子』中也說，我軍兵力若為敵之十倍則給予包圍，若為五倍則攻擊。段龕兵力多士氣高，以堅固之城為後盾全體同心一致。縱然我軍傾全力攻擊，必須花數十日才可攻下其堅固城壁，而我軍受損亦甚。這時應以持久戰對之。」

於是鞏固陣地採取持久戰，終於攻下廣固。（『晉書』慕容儁記）

【解　說】

日本的攻城戰中運用「緩」而勝利的代表戰例，有天正十八年（一五九〇）的小田原之戰。進行天下統一的豐臣秀吉，征伐九州之後，把目標鎖定在關東的北條氏政、氏直父子。

北條方面也猜想遲早勢必與豐臣秀吉對決，已在小田原城及關東各地的支城實施修理、擴張、確保武器、食糧及農民大量動員等，一步步地進行戰鬥整備。但是，北條的總兵力只有五～六萬，而豐臣秀吉所動員的是二十二萬大軍。以兵力而言，根本毫無勝算。

但是，北條軍卻有一個利點，那就是通往小田原城的籠城（固城防衛）。北條軍曾經被上杉謙信及武田信玄圍困在籠城，但之後卻都能順利擊退敵軍。

面對豐臣秀吉軍的進擊，北條軍方面有人建議應在箱根迎擊，而有人認為應當在小田原城的籠城，竟見分岐為二，策略討論一拖再延卻難以獲得結論，這也變成日本諺語「小田原評定」的語源。

豐臣秀吉為避免對在小田原城——籠城的北條軍採取強硬攻城戰，而決定包圍小田原城採取脅迫兵糧的作戰法。同時，將各地的支城一一地擊潰。這時，豐臣秀吉親自從京城召來愛妾淀殿，同時也命令各諸侯迎接妻妾前來，甚至招聘千利休舉行茶會等，以防止時間消耗的包圍戰所造成的士氣影響。

另一方面，架築可以俯瞰小田原城的石垣城，暗中進行攻城，僅只八十日即完成了石垣城。這時，故意將周遭掩護的樹木一起砍掉。令人以為石垣城一夜就完成，目地是要打擊小田原城的戰意。

小田原戰是所謂的「緩戰」，但是，城終於淪陷。從初代北條早雲以來，支配關東百餘年的戰國諸侯北條氏終於滅亡。

68 速戰——有時以拙速也能奏功

凡攻城圍邑，若敵糧多人少、外有救援，可以速攻，則勝。法曰，兵貴拙速。

【文　意】

包圍攻擊敵城時，若敵軍食糧充足而兵力稀少，同時敵軍正等待援軍到來的情況。

若能迅速採取總攻擊必可獲勝。

兵法有言：「戰爭以幾近愚蠢之快速行之最為重要。」

【戰　例】

西元二二〇年，三國時代蜀漢武將孟達向魏投降，被任命為新城郡（以湖北省房縣為中心）的郡王。但是，到了西元二二七年，又與吳聯手並歸順蜀漢，對魏舉起反旗。

魏武將司馬懿暗中動員大軍想給予討伐。

許多部下都進言說：

「孟達與蜀漢間的關係密切，應詳細調查敵情後再動員。」

但是，司馬懿如此回答：

「孟達乃不重信義之人。以蜀漢及吳而言，今也正懷疑是否應當信任此人。在此時刻應迅速給予攻擊。」

於是率軍晝夜連續進軍來到新城郡。吳與蜀漢各派軍支援孟達，但是，司馬懿只以部份兵力迎戰。

最初，孟達在未造反之際，給蜀漢丞相諸葛亮一封書信中如此寫道：

「司馬懿的居城宛（河南省南陽）離京城洛陽（河南省洛陽）有八百里，距離此地一千二百里。即使聽聞我造反之事，與君主間的折衝也要花一個月之久。其間，必可充份鞏固防備、準備戰鬥。同時，若聽聞我已固城防備，司馬懿必不輕易前來而差其他武將。如此一來則毫無掛慮。」

當司馬懿親率大軍前來時，孟達傳書給諸葛亮說：

「我對魏舉反旗僅只八日，司馬懿早率大軍來到城下。何以如此快速？」

孟達所固守之上庸城（湖北省竹山之西南）三面環水，唯有一處與外界聯絡，以木柵堅固防守。司馬懿命令士兵由船上進攻，使其破壞木柵，全軍闖入城內。僅只十六日城已淪陷。

孟達為部下所殺，其餘將兵全部降服。（『晉書』宣帝紀）

＊與本文類似表現的有『孫子』〈作戰篇〉「兵聞拙速。」

【解說】

日本天正十年（西元一五八二）六月二日黎明，在京都本能寺，主君織田信長被明智光秀所殺，而在羽柴（豐臣）秀吉接獲通報時已是六月三日的傍晚。

這可說是秀吉生涯中最大的危機。

當時，前往中國地方討伐的秀吉，正利用水攻的持久戰攻打備中高松城。如果信長之死被毛利得知，其必無所顧忌放手一搏。如此一來，受制於西邊的毛利與東邊的明治光秀的夾擊，秀吉只有自滅。

最後拯救這個危機的是秀吉的迅迅判斷。在後來被稱為「中國大返回」的快速行軍一樣的，正是因為秀吉的「速」而打開危機，也成為奪取天下的第一步。

秀吉隱藏信長已死的消息，六月四日與毛利軍締結和平條約，高松城主清水宗治切腹自盡。而毛利得知信長已死的情報就在宗治切腹之後，簡直是危急萬分。

與毛利締結和平條約後的秀吉迅速返回京都，十一日早上已經到達尼崎。途中尤其是從沼城（岡山縣）到姬路之間，以一晝夜的時間走完全程。

秀吉行軍之快完全出乎光秀的意料，而這個「速」也決定了山崎會戰的勝負。落敗的光秀在逃亡的途中被農民的竹槍所殺，距離本能寺之變僅只十一日。

69 整戰——攻擊必先考慮敵軍戰力再行之

凡與敵戰，若敵人行陣整齊，士卒安靜，未可輕戰。伺其變動擊之，則利。法曰，無邀正正之旗。

【文　意】

與敵軍作戰時，若敵陣井然有序、將兵沉著穩健時，絕不可輕率攻擊。待敵軍產生變化再給予攻擊必可獲勝。

兵法有言：「旗幟整齊有序，不可與戰。」（『孫子』軍爭篇）。

【戰例】

西元二三八年，三國時代魏武將司馬懿討伐襄平（遼寧省遼陽）公孫淵的叛變。司馬懿率軍乘船暗中渡過遼水（遼河）。雖然包圍住遼隧城（遼寧省鞍山之西、遼河的東岸），卻不攻城而率軍前往襄平。部下進言說：

「包圍而不攻擊，不正表示我軍的懦弱嗎？」

司馬懿回答說：

「敵軍是打算利用堅固的遼隧封牽制我軍，並等待我軍的疲憊。若給予攻擊正落入敵軍的陰謀。現今敵軍主力聚集在遼隧城，心臟部位的襄平正鬧空城。如果直接攻打襄平，敵軍驚慌之下不得不出城應戰。如此必可獲勝。」

於是解開包圍網、整頓軍備準備進軍襄平。

看見此番情景，遼隧城之軍慌張地由城而出，從後方襲擊司馬懿之軍。但是，伺機等候的司馬懿給予迎擊，會戰之後獲得大勝利。（『晉書』宣帝紀）

【解說】

第二次大戰中，德國在一九一七年所採行的，利用U船的無限制潛水艇作戰，是想徹底地斷絕海上補給路線迫使英國屈服。只要發現商船無任何警告即給予擊沉。因此，聯軍的商船損失每月約六十三萬噸。一七一七年四月蒙受的損害高達四百艘、八十六萬噸以上。破使英軍而臨生死存亡的關頭。

但是，拯救此危機的是一九一七年後半所引進的護送船團方式的「整戰」。這是商船不個別航行，而編排成整齊有序的船團，由軍艦護航的方式。結果商船受損遽減。同時，由於護送船團的攻擊，德軍U船的損失激增。

引進護送船團之前的一九一七年一月，從英國港口出海的商船約有百分之二十五被U船擊沈。但是，從一九一八年一月到十一月的期間，九萬五千艘的商船組成護送船團航行，其中被擊沉的只有百分之四。

70 亂戰——敵軍混亂時為攻擊良機

凡與敵戰，若敵人行陣不變、士卒喧嘩，宜急出兵以擊之，則利。法曰，亂而取之。

【文　意】

與敵軍作戰時，若敵軍陣形不整、將兵浮躁不安，若能迅速出兵攻擊必可勝利。兵法有言：「使敵軍混亂，伺機攻擊。」（『孫子』始計篇）

【戰　例】

西元六一七年，隋末時代，反叛的唐武將劉文靜與段志玄，在要衝之地潼關（陝西省潼關縣之北）防禦隋武將屈突通。

這場戰鬥中，劉文靜的部隊敗給屈突通的部下桑顯和的部隊，陣地混亂，瀕臨全軍覆沒的危機。

段志玄僅率領二十名騎兵前來救援，立即搏倒數十名隋軍。這時，雖然腳中流矢，段志玄唯恐部下心生動搖，二話不說忍住疼痛數度衝入敵陣。

由於段志玄的奮勇突擊，使桑顯和的軍陣陷入混亂。段志玄重新整頓軍隊，與敵軍決戰，終於大敗屈突通的隋軍。（『舊唐書』段志玄傳）

【解　說】

一九七三年一月，美國、北越、南越、越共共同簽訂巴黎和平協定，同意以美軍從越南撤退為條件來交換俘虜。於是，早對越戰厭倦的美軍便開始撤退，南越軍不得不獨自作戰。

但是，由於一九七三年十月中東爆發第四次戰爭，及相繼發生的石油危機，南越遭受嚴重的通貨膨脹。南越軍的士兵們都埋頭於副業上，同時，雖然美軍軍援已消滅，貪污的南越政府與軍隊的幹部為飽藏私腹，將龐大的軍援也虧空，南越的反政府行動也日益增高。

看到南越的這些「動亂」，北越軍終於大規模突襲進軍，一九七五年四月三十日，首都西貢淪陷，北越軍幾乎沒有發生流血事件即占據西貢。

71 分戰——擁有強大兵力時應規劃兵力

凡與敵戰，若我眾敵寡，當擇平易寬廣之地以勝之。若五倍於敵，則三術為正，二術為奇。三倍於敵，二術為正，一術為奇。所謂一以當其前，一以攻其後。

法曰，分不分為縻軍。

【文　意】

與敵軍作戰時，若我軍兵力眾多、敵軍兵力稀少，若能選擇平坦寬廣之地作戰必可勝利。若我軍兵力多於敵軍五倍，應以三分兵力做為正面攻擊、二分兵力做奇襲。若三倍於敵軍之兵力，應以二分兵力做正面攻擊、一分兵力做奇襲。所謂一邊做正面攻擊，另一邊則奇襲敵軍側面或背後。

兵法有言：「可分而不分乃為縻軍。」（『李衛公問對』〈下〉）

【戰　例】

西元五五二年，南北朝時代，梁武將陳霸先（後來建立南朝的陳）與王僧弁為了討伐造反的侯景，駐兵於長江的中洲——張公洲（江蘇省南京之西南）。

長江上有多數梁軍的巨大軍船，高舉著旗幟隨風飄搖，幾乎覆蓋長江及天空。從石頭城（江蘇省南京市清涼山）眺望此景況的侯景大為不快地說：

「梁軍士氣頗為旺盛，不可輕視。」

於是率領鐵騎兵擊響大鼓前進。

陳霸先對王僧弁說：

「兵法中說，巧於用兵者如常山之蛇，首尾互連而戰。當今侯景有意一決勝負。不過，我軍兵力眾多而侯景兵力少。這時應將我軍兵力一分為二，並聯合給予攻擊。」

王僧弁表示贊同。於是在正面配置強力的射箭部隊，而命輕裝的精銳部隊擾亂敵軍後方，再利用主力軍攻其中央。

戰鬥開始時，侯景之軍立即大敗，侯景棄城敗走。（『陳書』高祖本紀）

【解　說】

這是分割自軍兵力再進行攻擊。不過，其前提是我軍兵力必須壓倒性地壓倒敵軍。

從這點看來，不管採用奇襲或側面攻擊，基本上以大兵力攻打小兵力就可說是正攻法。另外，戰例中陳霸先談話中所提到的兵法是引用『孫子』〈九地篇〉。

「故善用兵者，譬如率然。率然者常山之蛇也。擊其首則尾至，擊其尾則首至，擊其中則首尾俱至。」

據說常山有一條稱為率然之蛇，攻擊其頭，其尾必來相助，攻擊其尾，其頭必來相助，攻擊其腹時頭尾隨即反擊而來。後來以此來做用兵之妙的譬喻。

72 合戰——敵軍兵力強大時應集中兵力

凡兵散則勢弱，聚則勢強，兵家之常情也。若我兵分屯數處，敵若以眾攻我，常合軍以擊之。

法曰，聚不聚爲孤旅。

【文　意】

兵力若分散戰鬥力即減低，兵力若集中戰鬥力即提高，此乃兵法之基本。若我方在宿地駐屯兵力而敵軍以強大兵力來進攻時，應迅速集中兵力以對敵軍。

兵法有言：「想集結兵力而卻不能集結者稱為不聚孤旅。」（『李衛公問對』下）

【戰　例】

西元七三三年，唐開元年間，吐蕃叫囂要為新城（新將唯吾爾自治區若羌之西南）

之戰雪辱，一大早即攻進唐軍的陣地。吐蕃的兵力多而唐軍的兵力少，唐軍膽顫心驚。但是，武將王忠嗣率騎兵出擊，剛攻擊左側馬上又轉而攻擊右側，欲退又進，分散騎兵後又集合攻擊，如入無人之處地縱橫飛馳，砍殺吐蕃數百人。王忠嗣的突擊行動令吐蕃族陷入大混亂。

這時，王忠嗣集中全軍由左右夾擊吐蕃，終於大敗吐蕃。（『舊唐書』王忠嗣傳）

【解說】

二正面戰爭之所以危險，乃是不得不分散兵力。第一次、第二次世界大戰中，德國面臨要同時應付東部、西部戰線之二正面戰爭，結果落敗。

第二次世界大戰中，美國雖然被迫在太平洋與歐洲做二正面戰爭，卻獲得勝利。不過，這是因為當時的美國具有龐大的國力。而這兩次戰爭的本質互不相同，也是要因之一。換言之，美國兵力，總兵力的百分之七十投入歐洲對德軍的戰爭，而海軍艦艇的百分之九十則加入太平洋對日戰爭中。雖然面臨二正面戰爭，由於兩個戰場所使用的主力互不相同，對美國的生產力而言也是極幸運的事。

第四章 從怒戰到忘戰

73 怒戰——記取珍珠港的教訓

凡與敵戰，須激勵士卒，使忿怒而後出戰。法曰，教敵者怒也。

【文　意】

與敵人作戰時，先要鼓舞士兵，激勵起其憤怒的感情，然後再上戰場。兵法有言：「士兵會積極前進殺敵，因為其心已沸騰的緣故。」（『孫子』〈作戰篇〉）

【戰　例】

後漢時代，建武四年（西元二八），光武帝命令武將王霸和馬武，率兵討伐位於垂惠（安徽省蒙城之北）的周建。

蘇茂率領四千餘名的軍隊救援周建，其精銳部隊並且斬斷馬武軍的補給路線。為此馬武被逼得必須親自率兵出來解困。周建見機馬上從城內出兵和蘇茂相應夾擊馬武。

馬武眼見大勢危急，若無王霸的救援，恐怕會被周建、蘇茂聯軍所敗，於是派出傳令兵到王霸的陣營請求援軍。

可是，王霸說：

「現在敵人的兵力強大，如果莽莽撞撞與之對陣，恐怕會落得兩者都戰敗的下場。因此，只好請繼續獨立奮戰到底吧。」

說完後便命令士兵固守陣地，不打算出兵救援。

可是，有很多部下都希望出兵戰鬥，於是王霸進一步解釋說：

「蘇茂所率領的士兵都是精英，而且人數眾多。相對地我方的士兵個個膽小，而且王霸的士兵還和我方的士兵彼此存有互相依賴的心，在這種情況下出兵作戰，我方的勝算恐怕一點也沒有。現在我們固守城池不去救援，敵軍見狀進攻的態度必然變得輕率。而且，馬武的軍隊因為心中懷有被背叛拋棄的怨恨，一定會以必死的決心奮戰到底。然後等到蘇茂的士兵精疲力盡的時候，我軍再發動攻擊，如此必能獲得勝利。」

周和蘇茂眼見王霸不出兵救援，於是發動全軍攻擊馬武的軍隊。

過不久，有數十名王霸的部下從陣地看到馬武軍陷入苦戰的情況而無法自處，甚至激動地切斷自己的頭髮，表明必死的決心而請求出兵救援。

王霸見時機已至，於是打開陣地的大門，迅速出動精銳部隊從後方發動攻勢。受到前後夾攻的周建、蘇茂聯軍，終於敗退。（『後漢書』〈王霸傳〉）

【解　說】

一九四一年十二月八日，日本出兵偷襲夏威夷的珍珠港，第二次世界大戰的美日戰爭於是揭開了序幕。

日本攻擊珍珠港可以說是一次完全成功的偷襲。日方僅損失飛機二十九架、特殊潛艇五艘，相對地，美方則有八艘戰艦全部被擊沈，同時共有十八艘船艦受到重創、一八八架飛機受到破壞，死傷人數超過三千五百人以上。

可是，這次的偷襲卻激怒了當時對戰爭並不積極投入的美國人，舉國團結起來討伐日本。歷史學家喬治・凱楠有一句名言說

Democracy is peace loving, but fights in anger.

終於美國人在「記取珍珠港教訓」的大合唱中，真正地對日本採取了怒戰的態勢。

74 氣戰——旗艦三笠的Z旗

夫將之所以戰者，兵也。兵之所以戰者，氣也。氣之所以盛者，鼓也。能作士卒之氣，則不可太頻，太頻則氣易衰。不可太遠，太遠則力易竭。須度敵人之至六七十步之內，乃可以鼓，令士卒進戰。彼衰我盛，敗之必矣。

法曰，氣實則鬥，氣奪則走。

【文　意】

指揮官之所以能完成戰鬥任務，乃是因為擁有士兵。而士兵能戰鬥，是因為鬥志高昂。使士兵產生高昂鬥志是藉由發動突擊命令的大鼓。利用大鼓鼓舞士氣，若擊鼓過於頻繁會影響鬥志，過於遠敵會消耗鬥志。與敵人距離在六～七十步以內而鳴起攻擊的大鼓，極能使我軍鬥志高昂的迎戰鬥志衰微的敵軍，這時即能擊敗敵軍。

兵法有言：「士兵鬥志旺盛則投入戰鬥，鬥志低下則避敵而退卻。」（『尉繚子』〈戰威〉）

【戰　例】

西元前六八四年，春秋時代齊軍攻打魯。

魯君主莊公親率大軍迎敵，武將曹劌懇請從軍，而獲允許同搭莊公的戰車。

齊與魯之軍在長勺（山東省萊蕪之東北）作戰。

兩軍漸漸逼進。莊公正要敲打攻擊的大鼓，曹劌卻制止說「為時尚早」。

當齊軍早已擊打攻擊的大鼓三次之後，曹劌才說：

「時機已到！」

聽見大鼓之聲的魯軍一起闖進敵陣，齊軍大敗而逃亡。

莊公正要命令出擊，曹劌又說「為時尚早」，等調查了地面上所留下的齊軍戰車的車轍，及戰車上所浮現的齊軍的狀況後才說「可行」，語畢立即前往追擊。戰鬥完畢後，莊公詢問何以勝利的原因。

曹劌如此回答：

「戰爭與鬥志取勝。第一次的大鼓被振奮鬥志，第二次的大鼓鬥已衰，第三次的大鼓已無鬥志。敵軍鬥志喪失，我軍鬥志高昂，因鬥志之差而戰勝敵軍。同時，敵軍動向難以預測，即使撤退恐怕設有伏兵。因此，調查其戰車的轍跡發現混亂不齊，眺望其旗旗已東倒西歪。因此而判斷可乘勝追擊。」（『春秋左傳』〈莊公十年〉）

【解說】

擊碎拿破崙侵略英國本土野心的是一八〇五年十月二十一日特拉法加角海戰。迎擊法國、西班牙聯合艦隊的英國軍艦隊尼爾森總督，在旗艦維多利亞號的帆柱上所高舉的信號寫著：

「England expects that every man will do his duty.（英國每個人期待盡此義務）」

這支信號旗在被敵彈擊毀之前，在戰鬥中彷彿鼓舞英國海軍所有士兵鬥志一般，在空中廣闊地飄揚。

英國艦隊雖然在特拉法加角海戰獲得大勝利，尼爾森總督卻被狙擊兵的槍彈所傷。聽到英國捷報的尼爾森說：

「感謝神，我完成了任務。」

但是，終於一命歸西。

另外，距特拉法加角海戰之後，一百年的一九〇五年五月二十七日，發生左右日俄戰爭戰局，甚至影響日本存亡的日本海海戰。

當時迎擊蘇俄波羅的海艦隊的日本聯合艦隊，在戰鬥之前在三笠旗艦上揚起鼓舞將兵鬥志的Z旗，並宣言。

「皇國興廢在此一戰，各員應奮力努力。」

75　逐戰——追擊之前先要確認敵方是後退或敗走

凡追奔逐北，須審真偽。若旗齊鼓應，號令如一，紛紛紜紜，雖退走，非敗也。必有奇也。須當慮之。若旗參差而不齊，鼓大小而不應，號令喧囂而不一，此真敗卻也。可以力逐。

法曰，凡從勿怠，敵人或止於路，則慮之。

【文　意】

要追擊後退的敵軍時，首先要確認其真偽。如果旗幟的行列及戰鼓的聲音都非常整齊，而且命令通達、兵力眾多卻後退的話，則並非戰敗，其中必定有詐，非有所警戒不可。如果旗幟行列混亂、戰鼓的聲音不整齊、命令系統也紊亂的話，就是真的敗退，應該即時追擊。

兵法有言：「追擊必須刻不容緩，但敗退的敵軍突然中止時，必須提高警覺。」

【戰例】

唐代初期，武德元年（西元六一八），李世民（後來的太宗皇帝）為了平定天下，率領大軍討伐薛仁杲。

薛仁杲命令部下宗羅睺迎擊，李世民在淺水原（陝西省長武之西北）將之擊破，並且命令騎兵一路追擊，一口氣就攻入敵陣的深處，並包圍了薛仁杲所在折鏣城（甘肅省涇川之東北）。

先前在淺水原戰役中有很多薛仁杲的部下棄械投降，但是李世民都還其馬匹，釋放他們離去。可是，沒過多久這些人又乘著馬匹再度來歸順李世民。因此，李世民就從這些人中得知了薛仁杲軍隊的內情，最後下定決心包圍折鏣城。

並且在團城的同時，李世民派遣使者勸薛仁杲降服。最後薛仁杲果真投降李世民。

當部屬異口同聲恭賀李世民戰勝的同時，問說：

「這次的作戰既沒有準備騎兵，也沒有準備攻城的道具，僅只是將軍隊在敵城外佈陣就大功告成了。起先我們都很擔心這樣不能獲得勝利，但是，事實卻真的攻陷敵人的城池，這到底是怎麼一回事呢？」

李世民回答說：

「兵法貴在臨機應變。宗羅睺率領的士兵大都是異民族，在淺水原戰役中，我方雖然獲勝，但是，所殺或俘擄的敵兵並不多。如果讓他們逃回折墌城的話，一定會使薛仁杲的兵力大為增強而變得不好對付。

因此必須緊急追擊，將他們逐出邊境之外。如此一來，折墌城就無兵可用，薛仁杲也無計可施，最後不得不降服。」（『舊唐書』太宗本紀）

＊與本章類似的有『司馬法』〈用眾〉「凡從奔勿息。敵人若止於路，則慮之。」

【解　說】

敵軍撤退時，不辨其真偽，只顧衝動地追擊，往往會落得戰敗的下場。第二次世界大戰時，日軍在一九四四年四～七月時所發動的印普哈耳作戰，便是這種逐戰失敗的典型。該次作戰是由日本牟田口司令所率領的第十五軍所主導的，參戰的士兵有十萬人之眾，可是結果卻有七萬名死傷者，差一點就全軍覆沒。

印普哈耳作戰的日軍牟田口司令想要扭轉日漸惡化的戰局而強硬主張施行的。其企圖是要發動強勢作戰以擊破英軍的反擊據點——緬甸的印普哈耳，然後再趁勢進軍到印度的阿薩姆，也就是所謂的「鵯越戰法」。可是要在叢林和險惡的山區內行軍作戰，不旦補給困難，不利的條件更是不勝枚舉，幾乎沒有成功的可能性。但是，印普哈耳作戰卻完全忽視這些客觀的條件而強制執行。

而且英軍透過偵察機的偵察，在事前早已掌握日軍這次作戰的動態。英軍的斯理姆將軍一開始便命令部隊後退，讓日軍穿越困難重重的山越而筋疲力盡。同時補給線也無以為濟時，再發動圍剿作戰。

日軍的牟田口司令以為英軍的撤退是敗逃，而一味地強行追擊。結果真可說是「逐戰」的相反。

76 歸戰——面對敵軍撤退應避免輕率追擊

凡與敵相攻，若敵無故退歸，必須審察。果力疲糧竭，可選輕銳躡之。若是歸師，則不可遏也。

法曰，歸師勿遏。

【文 意】

與敵軍作攻防之際，敵軍不說分由即開始撤退時，必須仔細的偵察敵情。若敵軍因戰力、補給匱乏而撤退，應以輕裝之精銳部隊予以追擊。若是撤退欲回其本國，則不應深追。

兵法有言：「絕不可阻攔歸國之敵軍。」（『孫子』軍爭篇）

【戰　例】

後漢時代末期，獻帝建安三年（西元一九八），曹操攻打張繡鎮守的穰（河南縣鄧縣之東南）並給予包圍。

但是，劉表率援軍趕到威脅曹操軍的後方。

曹操想要撤退卻遭到張繡之軍的攻擊，曹操進退為難。

但是，曹操激勵部下說：

「即使一日只能前進一里，若能前進到安眾（河南省鄧縣之東北），我自有計謀，必定能擊破敵軍。」

曹操軍徐緩後退，終於走到安眾。但是，張繡與劉表的聯合軍固守安眾的要害，阻絕曹操軍的退路。曹操軍陷入了腹背受敵的狀態。

曹操趁夜在安眾的要害挖掘地道，讓補給部隊全數通過並編成奇襲部隊。

天亮，張繡、劉表軍發現曹操的補給部隊已穿過要害，於是出動全軍追擊。這時，曹操出動奇襲部隊，利用步兵與騎兵夾擊而大敗張繡、劉表軍。後日，曹操被問及此戰的策略，曹操回答說：

「敵軍阻擋我軍回國之路，我軍無路可逃，被迫在死地作戰。若被置於死地，士兵必瘋狂作戰。因此，我認為必可獲勝。」（『三國志』魏書・武帝紀）

【解說】

追擊敵軍時應嚴戒輕率追擊，應確認敵軍是否真的敗走或只是佯裝敗走，誘導我軍輕率追擊而設下伏兵。

另外，『孫子』中所謂的「歸師勿遏」，是指不應對敗走回國的敵軍深入追擊。不過，這也必須因時因地而做判斷。因為擴大戰果唯有在追擊之時。

一八〇五年十二月的奧斯德之茲之戰（三帝會戰），擊破俄奧聯軍的拿破崙，看見敗走的聯軍將兵沿著冰凍的札江湖面逃走，立即命令砲兵擊札江湖使結凍的湖面破裂。因此，多數逃亡的蘇俄兵（有人說為數二萬，二千人較為中肯吧）落入凍結的湖中而溺死。

但是，相反地在一八一二年拿破崙在遠征墨西哥時，對於飢寒交迫下歸國的法軍，蘇俄軍採取徹底的追擊，將拿破崙打得體無完膚。蘇俄軍對歸國的法軍採取毫不容情的追擊而擴大了戰果。

77　不戰——不攻擊也是戰術之一

凡戰，若敵眾我寡，敵強我弱，兵勢不利，彼或遠來，糧餉不絕，皆不可與戰。宜堅壁持久以弊之，則敵可破。

法曰，不戰在我。

【文　意】

與敵軍作戰時，若敵軍兵力大於我方，敵軍有精銳之兵而我方乃弱兵時，或敵軍雖由遠方而來卻補給不斷時，對我方而言都是不利於戰的態勢，絕對不可攻擊。若聚集城內固守，等到敵軍疲憊必可獲勝。

兵法有言：「不攻擊的主導權操在我方。」（『李衛公問對』下）

【戰　例】

西元六一九年，唐初武德年間，進行天下統一的李世民（後來的唐太宗）率領唐軍渡過黃河，往東進軍欲攻打劉武周。

這時，從軍於唐軍的李道宗年方十七歲，李世民帶領李道宗登上玉壁城（山西省稷山的西南）的城壁上視察敵情。

李世民對李道宗說：

「敵軍仰賴其眾大兵力欲迎戰我軍。若是你該怎麼辦？」

李道宗回答說：

「以敵軍當今的氣勢應不可正面攻擊，而應以計謀使之屈服。正面攻擊必有困難，若能以深壕、高牆固守，削減敵軍的士氣，敵軍雖擁有重大兵力卻都是烏合之眾，必無法長久保持如今的態勢。當補給產生匱乏，紀律必生紊亂。等待此時再給予攻擊，我想應可輕拿敵軍。」

李世民說：

「你的意見和我的不謀而合。」

後來，劉武周之軍果因糧食缺乏而在深夜開始撤退。唐軍趁機追擊，在介州（山西省介休）對決，終於將之擊破。（『舊唐軍』李道宗傳）

【解說】

「不戰」而戰結果蒙受極大損失的戰役，就是第一次世界大戰的一九一六年二～十二月的德軍對法國的凡爾登要塞的攻擊。

凡爾登要塞在戰略上並非具有重大價值。但是，德軍的法爾堅海因將軍為了打破陷入膠著的西部戰線，決定攻擊法國軍事力象徵的凡爾登要塞，以挫敗法軍的士氣。基於同樣的理由，法軍也必須死守凡爾登要塞。為了戰略上並無價值的場所，兩國展開了激烈戰爭。

那是一場毫無止境的消耗戰，所使用的是砲擊和步兵攻擊，甚至還運用火燄器及毒氣。當德軍放棄凡爾登要塞的攻擊時，德軍戰死者高達三十一萬以上，而法軍戰死者也達二十八萬人以上。

這場戰役在彼此的大殺戮下結束。不過，固守凡爾登要塞的法軍司令官貝坦卻成為英雄。

78　必戰——發現敵軍弱點應給予攻擊

凡興師深入敵境，若彼堅壁不與我戰，欲老我師。當攻其君主，搗其巢穴，截其歸路，斷其糧草，彼必不得已而須戰。我以銳卒擊之，可敗。

法曰，我欲戰，敵雖深溝高壘，不得不與我戰者，攻其所必救也。

【文　意】

雖然出兵攻進敵軍境內，若敵軍固守城內而不應戰，打算在我軍疲憊及補給匱乏之作戰時，若能攻陷其後方君主的居城、突擊敵軍根據地、斷絕其退路、停止其補給，敵軍也不得不出城應戰。這時以精銳部隊攻擊，必可擊破。

兵法有言：「若敵軍無視於我軍的挑戰，以深壕高牆為守而不應戰時，必須攻擊敵軍必須救援之地。」

【戰例】

三國時代，魏明帝景初二年（西元二三八），明帝招喚武將司馬懿到長安（陝西省西安之西北），命令其率兵討伐遼東郡（以遼寧省遼陽為中心）的公孫淵。

明帝詢問說：

「遠征四千里的彼方，雖用計略可獲勝。然而必須相當的兵力吧，不必考慮戰費的節約問題，你打算如何與公孫淵作戰？」

司馬懿回答說：

「公孫淵棄城逃亡乃為上策，其次是公孫淵在遼水（遼寧省遼河）防衛的狀況。再其次是，若公孫淵固守囊平（遼寧省遼陽），這只會落得變成我軍俘虜的結果。」

「在此三計中，公孫淵會採用那個計謀？」

「公孫淵必無法客觀地分析敵我的狀態而應變制宜。」

「平定公孫淵凱旋而歸，需要多少時日？」

「前往需一百日，回國需一百日，戰爭需一百日，其間休息六十日。一年足夠。」

於是司馬懿率大軍出發。

公孫淵派遣數萬騎兵與步兵到遼隧（遼寧省海城的西北），佈下長達二十里以上的防衛陣營。

眾多部下都希望攻打這些防衛陣地。然而司馬懿卻說：

「這些是為了令我軍疲憊的防衛。若攻打防衛陣營，等於是落入敵軍的計謀中。王莽的武將王邑之軍不也曾在昆陽之戰全軍覆沒嗎？既然敵軍主力在此防備，後方兵力必稀薄，這時若直接攻打敵軍心臟的囊平，出奇不意必可給予擊滅。」

於是高舉旌旗行軍，故意擺出由防衛陣地往南躲避的態勢。公孫淵派出所有兵力打算追擊。但是，司馬懿暗中派軍渡過遼水繞到北方，正面攻擊囊平，不但擊破抵抗並包圍囊平。

對於多數部下渴望立即攻擊的意見，司馬懿並不同意。部下陳珪說：

「從前閣下攻打上庸時，僅只五日便落城，並殺死敵將孟達（參照68「速戰」的戰例）。但是，這次為何如此拖延戰局？我難以理解。」

司馬懿如此回答：

「當時，孟達兵力雖少，卻準備可支撐一年時間的食糧。相對地，我軍兵力雖遠勝過孟達之軍的四倍，卻只剩下不到一月的食糧。僅擁有一月食糧之軍與一年食糧之軍作戰，不得不採取速戰速決。而且，以四倍之優勢兵力攻擊敵軍，犧牲半數而勝利，並非不畏犧牲而是怕糧食的匱乏。

現在，雖然敵軍兵力多而我軍兵力少，然而敵軍飢餓而我軍糧食充足。再加上連日的大雨，攻城的準備尚未完善，若發動總攻擊，並無法期待戰果。

自從出征以來，我最擔心的並非敵軍不來攻擊，而是敵軍伺機遁逃。如今敵軍食糧將要匱乏，而我軍阻礙其包圍網而掠奪敵軍牛馬、柴薪，只會打草驚蛇。『孫子』中有言，『兵乃詭道』，必須因敵軍狀況改變作戰方針。

敵軍雖然食糧已匱乏，卻仰賴其兵力做困獸之鬥。因此，我軍應佯裝無能以誘導敵軍掉以輕心，為眼前小利而草率出擊並非上策。」

雨停了，司馬懿製作攻城道具發動總攻擊。

公孫淵從城牆上彷彿下雨般地丟下矢、石，激烈地抵抗。然而糧食已匱乏，城內甚至出現吃人肉的飢餓慘狀。

公孫淵派遣二名部下前來交涉降服，打算突除包圍。但司馬懿將他們全部處刑。

公孫淵打算突圍逃亡。但是，司馬懿之軍前往追擊，並在梁水河岸將他殺死，終於完全平定了遼東郡。（『晉書』宣帝紀）

＊與本文類似表現的有『孫子』虛實篇中的「我欲戰，敵雖高壘深溝，不得不與我

戰者，攻其所必救也。」

【解　說】

戰例中司馬懿所稱王莽部下王邑的戰例是西元二三年的昆陽（河南省葉縣）之戰。西元八年，使漢（前漢）滅亡的王莽即位為皇帝建號為新（八～二三）。為了討伐對「新」的反叛軍，王莽命令武將王邑率領四十二萬大軍攻打宛（河南省南陽）。但是，王邑無視於應一氣呵成攻下宛的建言，而包圍昆陽。反叛軍之一的劉秀（後來建立後漢・光武帝），由城內外夾擊在包圍戰中已消耗兵力的王邑軍，終於大破王邑軍。

昆陽之戰除了決定了「新」的滅亡之外，也是令天下人得知劉秀這個人的存在。

79 避戰——敵軍氣力充足時應避戰

凡戰，若敵強我弱，敵初來氣銳，且當避之，伺其疲弊而擊之，則勝。法曰，避其銳氣，擊其惰歸。

【文　意】

與強大敵軍作戰時，對於敵軍臨陣時的宏偉氣勢，若我軍兵力薄弱時，應避免正面攻擊。而伺機等待敵軍疲憊再出擊即可獲勝。

兵法有言：「避銳氣、趁其氣衰欲休之時給予攻擊。」（『孫子』軍爭篇）

【戰　例】

後漢時代，靈帝中平五年（西元一八八）涼州（甘肅省）的王國造反，包圍了陳倉（陝西省寶雞之東）。

皇甫嵩與董卓各率二萬兵力，前往陳倉救援。

董卓急於出發而皇甫嵩不表贊同。董卓說：

「智者不逸時，勇者不遲決斷。若不儘早救援，陳倉必陷落，陳倉的存亡全操在我兩手中。」

皇甫嵩說：

「『孫子』中有言〝與其百戰百勝，不戰而使敵軍降服乃為上策〞，又說〝先鞏固自軍整頓為無人可勝的狀態，再等待敵軍出現弱點陷入必敗的狀態〞。陳倉雖是小城，守備堅固並無法輕易攻陷。即使王國之軍氣勢頂盛，若無法即時攻落城池，士兵必疲憊。伺機等待敵軍疲憊再伺機攻擊乃是必勝之策。」

王國雖然包圍陳倉，卻久攻不下，士兵們顯著地顯出疲憊之態。王國終於解開包圍網開始撤退。

皇甫嵩率軍開始追擊。

董卓說：

「『孫子』有言〃絕不可窮追進退維谷的敵軍，不可制止撤退回國的敵軍〃。」

皇甫嵩說：

「此一時彼一時也。」語畢，單獨追擊，終於將王國全軍消滅。

董卓大感羞恥。（『後漢書』皇甫嵩傳）

【解說】

戰例中，皇甫嵩所談到的『孫子』的引用，其正確內容如下：

「百戰百勝，非善之善者也，不戰而屈人之兵，善也善者也。」（謀攻篇）

「昔之善戰者，先為不可勝，以待敵之可勝。」（軍形篇）

另外，董卓談話中所引用的是『孫子』〈軍爭篇〉。

80　圍戰——打開讓敵軍逃亡之路

凡圍戰之道，圍其四面，須開一角，以示生路。使敵戰不堅，則城可拔，軍可破。

法曰，圍師必欠。

【文　意】

包圍敵軍時，從其四面包圍必留一角，事先留下敵軍逃亡之道。如此即可抹滅敵軍死守至最後的鬥志，而攻下敵城。

兵法有言：「包圍敵軍必預留生口。」

【戰　例】

西元二〇六年，後漢時代末期，曹操圍攻壺關（山西省長治之東南），然而卻難以攻下。為此焦躁憤怒的曹操宣言說：

「落城時將全數活埋城內者。」

但是，過了一個月仍然沒有攻下城池。

部下曹仁對曹操說：

「據聞圍城時必預留生口。將軍先前的宣言只會令城內者死守到底。況且，壺關城守備堅強，糧食備蓄又多，攻城的士兵死傷還在增加，取城之日為時尚早。以疲勞之我軍攻打抱定必死覺悟之敵軍絕非良策。」

曹操聽從其意見，改變了以往強力進攻的作戰，終於降服壺關。（『三國志』〈魏書・曹仁傳〉）

＊與本文類似表現有『孫子』〈軍爭篇〉「圍師必闕」。

【解　說】

完全包圍敵軍，並宣言將全數虐殺降伏之敵兵時，敵軍徹底抗戰乃理所當然之事。這一點和第二次大戰聯合國要求德國和日本無條件投降是一樣的吧！

由於被要求無條件投降，使得即使並不盲從希特勒的德國國防軍（在戰爭末期的一九四四年七月，發生了由薛塔非希特勒陸軍上校發動的希特勒暗殺未遂事件）不渴望「伽太基的和平」，而明知雖然處於絕望性的戰局卻徹底抗戰。

所謂「伽太基式的和平」是西元前一四六年被羅馬消滅的伽太基的戰例。在第三次波黎戰爭中，本來已降服的伽太基卻因為羅馬對伽太基的徹底破壞及嚴苛的要求，陷入絕望。於是激起伽太基市民群起徹底抗戰，因此，羅馬軍雖然終於消滅了伽太基，卻蒙受了極重大的損害。伽太基城被完全摧毀為廢墟，生存的市民全部變成奴隸。

81　聲戰——利用假情報擾亂敵軍

凡戰，所謂聲者，張虛聲也。聲東而擊西，聲彼而擊此，使敵人不知其所備，則我所攻者，乃敵人所不守也。

法曰，善攻者，敵不知其所守。

【文　意】

作戰中所謂聲是指虛聲。若聲東擊西，聲彼而擊此，使敵軍不知應防備何處時，才能使我方攻打之處無敵軍任何防備。

兵法有言：「善於攻擊者，敵軍不知該防備何處。」（『孫子』〈虛實篇〉）

【戰　例】

後漢時代初期，建武五年（西元二九），後漢武將耿弇率大軍前往討伐張步。張步命張藍率精銳兵二萬陣守西安（山東省桓台之東），同時，讓部下率一萬餘兵守護臨淄（山東省臨淄之北）。西安與臨淄相隔四十里以上。

耿弇率兵前進至此二城之中的畫中（山東省臨淄之西）。

西安城雖小卻堅固，而張藍所率之軍皆為精銳，另一方面，臨淄雖城大卻易攻，於是耿弇召集部下宣稱五日後將對西安做總攻擊。

獲得此情報的張藍，晝夜不分地採取森嚴的戒備。

當日，耿弇在深夜喚醒將兵，用餐後立即開始行軍，黎明即到達臨淄的城下。

一名部屬進言應儘早進擊西安，耿弇卻說：

「西安之軍聽聞我軍前來攻打必定日夜戒嚴警備，相反地，若對掉以輕心的臨淄出其不意地發動總攻擊，一日必可破城。一旦臨淄淪陷，造成西安孤立，斷絕張藍與張步的聯軍，必可迫使敵軍敗北。這才是所謂一箭雙鵰之舉。若攻擊西安而無法迅速破城，我軍處於堅固城下，死傷者必增，即使破城，張藍率兵逃往臨淄，必與該地之軍會合，趁我無兵之隙前來進攻。如今我軍深入敵地作戰，補給極為困難，若依此狀況再經過十日，即使無敵軍的反擊也會被迫陷入窮途末路。攻打臨淄正為此故。」

於是對臨淄採取總攻擊，半天後即攻下臨淄城。

聽聞此訊的張藍，捨棄西安率軍遁逃。（『後漢書』〈耿弇傳〉）

【解　說】

這是利用假情報混亂敵軍的防衛。

第二次世界大戰中，在聯軍登陸義大利的西西里亞島（一九四三年七月）之前，英國海軍情報部實行了駕空義大利軍防備的秘密作戰。他們在西班牙的海岸邊，從潛水艦把屍體放在橡皮船上，任其在海上漂流。

屍體上有假裝是文書傳達兵的假身分證明書，同時，還帶有秘藏著表示聯軍的登陸地點是沙基尼亞島的假作戰命令書的槍支。

另外，最近的戰例則是一九九一年的波斯灣戰爭。

在地面戰開始之前，多國聯軍方面盛傳美國海軍將登陸科威特作戰的可能性。

美國海軍進行大規模的作戰演習，又在波斯灣聚集艦船，傳播媒體上也預測，「不久將展開韓戰的仁川登陸戰之後，最大規模的敵前登陸作戰法。」

當然，伊拉克軍也信此不移。伊拉克軍為阻止登陸作戰，不但在波斯灣佈下多數的水雷，甚至將大量原油放入海內。

但是，結果並沒有科威特登陸作戰。這只為了讓科威特境內的伊拉克軍將防衛目標盯在海岸線的偽裝作戰。隨著地面戰的開始，多國聯軍的主力軍由西側包圍，斷絕了伊拉克的退路。

82 和戰——和平交涉必須看穿對方的目地

凡與敵戰，必先遣使約和。敵雖許諾，言語不一，因其懈怠，選銳卒擊之，其軍可敗。

法曰，無約而請和者，謀也。

【文 意】

與敵軍作戰時，首先應派遣使者前往進行和平交涉。若敵軍同意和平，但其回答或條件若有矛盾之處，乃是敵軍有所疏忽，這時若遣精銳部隊攻擊必可大敗敵軍。

兵法有言：「敵軍突然提出和平交涉必有陰謀。」（『孫子』行軍篇）

【戰　例】

秦代末期，全國各地發生了對秦的反抗軍。其中之一的劉邦，在西元前二〇七年往西進軍，通過要衝武關（陝西省丹鳳之東南）。

劉邦打算以二萬的兵力攻打嶢關（陝西省藍田之東南）的秦軍。參謀張良說：

「秦軍目前尚處於優勢，不可輕視之。而傳聞秦軍的統帥乃肉販之子，商人必受利所誘。此刻應暫且在此地固守，讓先發部隊準備五萬人份的食糧，並在各山揭起盛大的旗幟、旗印，佯裝我軍軍勢龐大。同時，派遣擅長交涉的酈食其與陸賈攜帶賄賂前往謁見秦軍統帥，請求進行和平交涉。當秦軍統帥順從我意時，就攻打京城咸陽。」

後來秦軍統帥果然同意和平，劉邦也打算接納和平協定。但是張良說：

「這只不過是統帥一人的反叛。其餘部下的將兵大概不從，果真如此事態就危險。現在應趁敵軍將兵掉以輕心之際發動奇襲。」

劉邦率軍攻打秦軍果然大獲全勝。

劉邦終於進入秦都咸陽城（『史記』劉侯世家）

【解　說】

和平交涉或和平條約並不一定意謂著交涉者雙方的和平，往往只是一方的和平，亦即以單方的目地為和平。

中國的國共內戰，蔣介石所率領的國民黨與共產黨之間的作戰，由於江西瑞金的共產黨政府被國民黨軍打敗，一九三四年終於逃往陝西省延安（所謂的長征），戰局似乎已經分出勝負。但是，這時共產黨向國民黨遊說即刻停止內戰，共同抵抗共同之敵的日本軍。

本來，蔣介石對與日軍之戰抱持消極態度，因為他認為日本軍必將敗北而從中國大陸撤退。與其和日軍作戰消耗軍力，不如擊垮真正的敵人——共產黨才是先決的戰略。但是，共產黨所高舉的打垮侵略者——日軍的旗幟，深獲中國人民的支持，一九三六年由於張學良所策劃的西安事變，蔣介石終於答應共同抗日。一九三七年成立了國共合作。

而在抗日戰爭中，共產黨紮實地擴展其勢力，獲得農民的忠誠支持。一九四五年八月隨著日本向聯合國無條件投降，日軍從中國大陸撤退。但是，一九四六年四月國民黨與共產黨又發生內戰。共產黨在各地擊破國民黨軍，而於一九四九年十月宣稱成立中華人民共和國，主席為毛澤東。而落敗的國民黨政府則於同年的十二月撤到台灣。

另外，越戰中的和平條約也變成一方得利的結果。

為了支持南越政府而加入戰局的美軍，由於一九七三年一月的巴黎和平協定成立，從南越撤退。但是，所謂和平協定只是意味著不再有美軍參戰的南北越的戰爭。其後處於優勢的北越軍勢如破竹的進擊，在一九七五年四月終於攻陷南越首都西貢，統一了南北成立越南社會主義共和國。

83 受戰——滇邊滬的教訓

凡戰，若敵眾我寡，暴來圍我，須相察眾寡虛實之形，不可輕易遁去。恐爲尾擊。當圓陣外向，受敵之圍。雖有欠所，我自塞之，以堅士卒心，四面奮擊，必獲其利。

法曰，敵若眾，則相眾而受敵。

【文　意】

作戰時若強大敵軍大舉來襲而受到包圍，首先應冷靜分析雙方兵力的多寡、強弱。若輕率撤退只會遭受追擊。利用圓陣防止敵軍的攻擊，即使敵軍在包圍網上留下生路，應以自軍給予阻塞，以提高將兵戰意，從四面奮戰，必可掌握勝機。

兵法有言：「若敵軍兵力比我軍強大時，應仔細觀察敵情，接受包圍而戰。」

【戰　例】

南北朝時代，北魏普泰元年（西元五三一），北魏武將高歡攻打信都（河北省冀縣）的爾朱兆，爾朱兆落荒而逃。

孝武帝永熙元年（西元五三二）的春天，高歡攻打鄴城（河南城安陽）。

結果，爾朱光由長安（陝西省西安之西北）、爾朱兆由併州（以山西省太原之西南為中心）、爾朱度律由洛陽（河南省洛陽之東北）、爾朱仲遠由東郡（以河南省滑縣為中心）各率軍趕往鄴城救援。合計二十萬大軍聚集在洹水的兩岸。

高歡由紫陌（河南省臨漳之西）出兵，然而騎兵不滿二千，步兵也為數不到三萬。在韓陵（河南省安陽之東北）做成圓陣，然後將輸送用的驢、牛聚集一處斷絕自軍的退路，以鞏固將兵們抱定必死的決心。

如此一來，雖受到爾朱兆聯合軍的包圍，高歡卻利用精銳的騎兵與步兵衝破中央並向包圍網的四面突擊，終於大敗爾朱兆的聯合軍。（『北史』齊本紀）

＊與本文類似表現有『司馬法』〈用眾〉「敵若眾，則相眾而受裹。」

【解說】

主動讓敵軍包圍，企圖牽制敵軍再將之擊潰的近代戰役中，有一九五三年十一月～五四年五月的滇邊滬之戰。當時，在北越遭受越南獨立同盟執拗的游擊戰，被迫處於守勢的法軍實行極為大膽的戰術。法軍主動進入越南獨立同盟勢力圈的中心而遭受包圍，以誘導越南獨立同盟從正面作戰。

其所選擇的地點是位於河內西邊的小谷間的村落——奠邊滬。

法軍利用空降作戰讓兵員落地後，隨即架築一・五公里四方的堅固陣地。同時為了確保補路線還開闢了兩個飛機場。守備兵力超過一萬五千名，又準備了壓倒性的火力，靜靜地等待越南獨立同盟的突擊軍來襲，打算給裝備貧弱的突擊軍造成重大傷亡並給予殲滅。

但是，法軍的「受戰」卻失敗了。原因是太過低估對越南獨立同盟的戰力。

法軍覬覦著「受戰」，然而經過數月後的越南獨立同盟，遲遲沒有展開攻擊，事實上在這個期間，由霍・克恩・札布將軍所率領的越共，為了戰勝法軍而正秘密地進行慎重的準備。

由中國接獲大量武器的越共，從僅有小火器的奇襲部隊，搖身一變而成為有精銳的戰鬥團。大砲先經分解後暗中運往熱帶雨林內，再重新裝配，然後配置在可以俯瞰法軍陣地的高丘。高丘上掘有坑道，將大砲隱藏其內，掩飾住砲口。

做好萬全準備後，霍・克恩・札布將軍開始發動總攻擊。越共的兵力在法軍的二倍以上，而且火力也處於壓倒性的優勢，由於越共的猛烈砲擊，法軍陣地的飛機立即陷入無法使用的狀態。後來法軍的補給必須全部仰賴空投。一九五四年的五月七日，霍・克恩・札布將軍以五萬的兵力進行總攻擊，終於攻陷法軍陣地內最後磐石。

這場滇邊滬的敗北，為法國支配印度半島劃上休止符。同年七月根據調停的休戰協定，越南分裂為南、北，法軍撤退。

後來由於越南戰爭，美軍又重蹈與法軍覆轍。

84 降戰——敵軍降服時絕不可掉以輕心

凡戰，若敵人來降，必要察其真僞。遠明斥候，日夜設備，不可怠忽。嚴令偏裨，整兵以待之，則勝。不然則敗。

法曰，受降如受敵。

【文意】

作戰時若敵軍前來投降，必須先確認其真偽。黎明時候要派遣偵察部隊，晝夜要執行警戒體制，絕對不可掉以輕心，若能命令部下做好戰鬥準備，必可勝利。否則，恐遭敗北。

【戰例】

兵法有言：「接納敵軍投降時，必以迎擊態勢臨之。」（『舊唐書』斐行儉傳）

後漢時代末期，建安二年（西元一九七），曹操攻打宛（河南省南陽）的張繡，並使之降服。

後來，張繡反悔，再度背叛向曹操軍奇襲。在此戰中曹操長男曹昂及外甥曹安民戰死，曹操本身也受流矢之傷。曹操無奈只好率軍撤退到舞陰（河南省泌陽之北）。

這時候張繡又率騎兵追擊而來，不過卻被曹操擊退。

張繡逃亡到穰（河南省鄧縣）與劉表軍會合。

戰後曹操對部下懇切地說：

「接納張繡降服時沒有立即取下人質乃失敗之源，因而造成如此結果。但是，我已經知道失敗的原因。各位等著瞧吧，今後絕對不再有敗戰！」（『三國志』魏書・武帝紀）

【解　說】

因部下的反叛而遭到意想不到的失敗的戰役中，有日本天正十年（西元一五八二）的本能寺之變。當時，橫阻織田信長進行天下統一的大敵是中國地方的毛利氏。為了前往備中高松城與毛利氏對決的羽柴秀吉會合，信長在途中繞道京都，僅率領部下數十人寄宿於本能寺。

在此之前，信長接收明智光秀的領國丹波與近江志賀郡，取而代之的要論其功績才贈其敵地出雲、石見。對認為部下只不過是消耗品的信長而言，這也許是激厲明智光秀的至高方策。但是，對光秀而言，這卻讓他對自己的將來抱著極大的不安。

而且，光秀在信長的諸將中屬於新人，跟隨信長時已是四十歲左右。而且比信長年長六歲，高過秀吉九歲。

光秀終於決心反叛，五月二日黎明，率領一萬三千人大軍的光秀突擊本能寺。信長毫無警戒。雖然遭受襲擊，然而光憑手邊數名隨從根本無法與之對敵，於是信長在本能寺放火自殺，年僅四十九歲。

85 天戰——匡正腐敗之時必順天時

凡欲興師動眾，伐罪弔民，必在天時，非孤虛向背也。乃君暗政亂，兵驕民困，放逐賢人，誅殺無辜，旱蝗冰雹，敵國有此，舉兵攻之，無有不勝。法曰，順天時而制征討。

【文　意】

動員民眾從軍討伐有罪者以安民心，應順天時，絕不可聽信迷信或占卜。敵國若有君主是昏君，政治混亂、軍隊殘暴、人民痛苦、賢人被放逐而無罪者被處刑、乾旱、蝗災、水災、冷害來襲等狀況，舉兵攻擊必獲勝利。

兵法有言：「順應天時，討伐反逆。」

【戰　例】

南北朝時代，北齊後主緯的隆化元年（西元五七七）錄用陸令萱、和士開、高阿那肱、穆提婆、韓長鸞等佞臣掌握政治實權。同時，陳德信、鄧長顒、何洪珍等邪惡之士陰謀不軌。

他們各組派閥，擅自進行人事變革，以賄賂出售官職，刑罰也受賄賂所左右，國政陷入混亂、國民生活疾苦。再加上乾旱、蝗蟲之災、洪水等天災此起彼落，各地盜賊横行，朝廷內部充斥著猜疑及陰謀，無罪者紛紛被殺，宰相斛律光及其弟也因不實之罪被處刑。北齊基礎開始動搖，最初只是出現徵兆，然而不久即陷入分崩離析的跡象。

北周武帝（宇文邕）看見北齊這番景況立即出兵，終於在西元五七七年消滅北齊。

（『北史』齊本紀）

＊與本文類似有『司馬法』〈定爵〉「順天奉時」。

【解　說】

一九四九年共產黨能佔據大陸；一九七五年越共之所以能順利統一越南，其背景不外乎是國民黨政府與軍隊、南越政府與軍隊的墮落腐敗。

更可悲的是，落敗後的政軍幹部甚至將來自海外的援助終飽私囊，有這種忘國忘民的情事，難怪會招來亡國的命運。

86 人戰──不採迷信而依事理劃分是非曲直

凡戰，所謂人者，推人士而破妖祥也。行軍之際，或梟集牙旗，或杯酒變血，或麾竿毀折，惟主將決之。若以順討逆，以直伐曲，以賢擊愚，皆無疑也。法曰，禁邪去疑，至死無所之。

【文　意】

作戰中所謂人是指打破凶兆或迷信，充份發揮士兵能力的意思。行軍之際若遇不吉之梟獸聚集軍旗之上、杯中酒變成血色、元帥的令旗折毀時，唯有元帥才能給予化解。若是昭揭大義名分，如以順討逆、以直討曲、以賢擊愚、即可化解士兵心中的疑慮。兵法有言：「若能禁止怪異迷信、排除士兵疑惑，至死可堅定其心。」

【戰　例】

唐初武德六年（西元六二三）輔公祏造反，武將李孝恭等奉令率兵討伐。出陣之前，召開宴會。當端水到宴席上時，該水變為血色，在座都認為是不吉之兆而臉色大變。

唯獨李孝恭態度從容地說：

「諸君請展笑顏。這乃輔公祏被斬首的前兆啊！」

說畢，一口飲下該水。因此而平息了宴席上的騷動。

輔公祏本來打算在要害之地與唐軍一決勝負，但是，李孝恭固守陣地不戰。暗中派遣奇襲部隊斷絕其補給路線。因此，輔公祏之軍焦急糧食的匱乏，而採取夜襲。李孝恭依然固守陣營不為所動。

翌日，李孝恭命令由弱兵組成的部隊攻擊輔公祏的陣地，另一方面命令精銳部隊在陣地伺機等候。

不久，弱兵組成之軍隊在戰爭中處於劣勢而開始撤退，輔公祏之軍追擊前來。這時伺機等待的精銳部隊，突然發動奇襲而大敗輔公祏之軍。

李孝恭趁勝追擊，終於攻陷其他所有的陣地。

輔公祏打算逃亡，卻被追擊的唐軍騎兵捕獲。（『舊唐書』李孝恭傳）

＊與本文類似者有『孫子』〈九地篇〉「禁祥去疑，至死無所之。」

【解　說】

十六世紀，西班牙開始新大陸的征戰中，以僅約六百九十名的軍士即征服了可爾堤斯的阿斯迪加王國，至於征服匹薩羅的印加帝國僅以一千八百的兵力即征服了異國。促使西班牙能以稀少兵力而征服大國乃是因為大砲、火槍等歐洲的最新武器令印地安人心生畏懼。然而，就西班牙軍極為稀少的兵力而言，在戰術上，印地安人方面應可以利用弓、槍矛給予擊退。

但是，除了大砲、火槍之外，令印第安人最為膽怯而失去戰意的是馬。在此之前，美洲大陸並無馬的存在。據說當時的印第安人以為西班牙騎兵乃是半獸半人的魔鬼。

西班牙人巧妙地利用印第安人迷信的恐懼，而成功地征服了他們。可爾堤斯如此記述說：

「保障我們生命安全的除了神以外只有馬。」

87 難戰——指揮官應與士兵同甘共苦

凡爲將之道，要在甘苦共眾。如遇危險之地，不可捨眾而自全。不可臨難而苟免，護衛周旋，同其生死。如此，則三軍之士豈忘己哉。

法曰，見危難，無忘其眾。

【文　意】

擔任指揮者應與一般士兵同甘共苦，在戰鬥中即使陷入危機，絕不可自己逃亡苟延殘喘。若能傾出全力與士兵共生死，全軍士兵必然主動的立誓忠誠。

兵法有言：「即使遭逢危機與困難，也不可忘卻士兵。」（『司馬法』定爵）

【戰　例】

西元二一五年，後漢末期，魏曹操在合肥（安徽省合肥西北）擊退吳的孫權後，為防備孫權的反擊，特令武將張遼、樂進、李典等率領七千兵力屯駐合肥。

曹操親率大軍討伐張魯之際，交給前往合肥的部下薛悌一封書信。在書信的封面上寫著「等敵軍來時再開封」。

不久，孫權率十萬大軍來襲，包圍了合肥。

薛悌等打開了曹操的書信，裡面寫著：

「若孫權前來攻擊，張遼與李典出擊迎戰，樂進守城，薛悌不可應戰。」

大家閱讀完畢後仍然不懂曹操的真意何在。

張遼說：

「曹操軍如今在遠征之途，我們若等待曹操軍的救援必定破城。因此，這是曹操在指示我們作戰吧。幸好現在尚未被敵軍完全包圍。曹操的指示大概要我們趁此機會出城一戰，挫敗敵軍的威勢以提高我軍士兵的戰意後，再防守陣營做籠城之戰吧。此戰關乎勝敗，不應再有遲疑。」

李典也同意張遼的意見。

當夜，張遼聚集八百名敢死隊員，殺牛設宴款待以備翌日戰鬥。天亮時張遼穿上胄甲，帶部隊突擊敵陣，隨即殺死敵軍數十人、敵將二人。然後大聲地朗叫自己的姓名，朝孫權的本陣突擊而去。

孫權大為震驚，吳軍將兵因事出突然而措手不及，孫權亦只攜帶隨身自衛的長矛，全軍登上高臺逃難的狼狽景況。

張遼在陣前罵倒孫權，挑撥其出陣與自己作戰，孫權不為所動，當他發現張遼的身邊意外地只有少數人時，即命令士兵將張遼的部隊重重包圍。

張遼帶領部下突圍，終於衝過包圍網。張遼率領數十名部下脫逃而出。但是，殘留在包圍網的士兵各個哀嚎地慘叫著：

「請不要棄我們於不顧啊！」

張遼聽到這些哀嚎，隨即折回又衝入包圍網將被包圍者全數救出。吳軍將兵幾乎束手無策。

這場由早上到中午的戰鬥完全挫失了吳軍將兵的鬥志，後來，回到合肥的張遼固守防備，士兵對張遼的信賴感大為增加，士氣也高昂。

孫權雖然包圍合肥數日，卻無法破城而開始撤退。張遼前往追擊，差點就將孫權逮捕到手。（『三國志』魏書・張遼傳）

【解　說】

「為我們而戰」的感動，是促成士兵對指揮官或國民對軍隊的信賴。

但是，也有為了大局而犧牲國民的戰例。

第二次世界大戰時，德軍深信絕對不可能被破解的艾尼格碼暗號，卻早在一九四〇年被英軍破解。但是，在最後的勝利之前必須向德軍隱瞞這個事實。

德軍空軍在一九四〇年十一月十四日，以五百架飛機朝英國的哥本特利市進行夜間無警報空襲。英軍早在二日前就已經利用暗號解讀得知這項空襲情報，卻沒有採取任何對策，結果哥本特利市遭受毀滅性的破壞。

這是為了隱藏暗號解讀成功的事實，而犧牲了本國國民。

88　易戰——先攻擊易攻處

凡攻戰之法，從易者始。敵若屯備數處，必有強弱眾寡。我可遠其強而攻其弱，避其眾而擊其寡，則無不勝。

法曰，善戰者，勝於易勝者也。

【文意】

攻擊敵軍時，應由容易攻擊之處開始攻擊。若敵軍駐屯於數地，其中必有兵力的強弱、大小之差，若能遠強攻弱避大擊小必得勝利。

兵法有言：「所謂善戰者是能掌握易勝良機而獲勝者。」（『孫子』〈軍形篇〉）

【戰例】

西元五七六年，南北朝時代的北周武帝攻打齊的河陽（河南省孟縣之西）。

宇文弼對武帝說：

「河陽乃北齊要衝，由多數精銳部隊防守。即使以大兵力攻擊也無法輕易取城。而汾水的彎曲部（山西省臨汾一帶）守城兵力極少，山亦不高，要取其城易如反掌。」

武帝不聽從宇文弼的意見而攻打河陽，結果無法攻陷。（『北史』〈宇文弼傳〉）

【解說】

第二次大戰的日美戰爭中，中途島海戰為海戰的轉捩點，而陸戰的轉捩點可說是一九四二年八月～四三年二月的卡達爾那爾島之戰。這是日本陸軍最初的敗戰，也是日本敗北的開端。

位於索羅門群島的這個海島之所以突然具有戰略性的重要地位，乃是因為日本軍開始在此島建設飛機場。日本軍的轟炸機若能由卡達爾卡那爾島出擊，從美國到沿太平洋補給路線即遭受威脅，同時也會阻攔在澳大利亞及紐西蘭聯軍的補給。

因此，為了制壓卡達爾卡那爾島，美軍在太平洋戰爭中實行了最初的登陸作戰。

美軍採用正攻法作戰（其後在太平洋島上的戰鬥也都是正攻法），先在質與量上確保優勢後才開始攻擊，在兵力尚未達到優勢之前避免做無謀的攻擊。其作戰順序是採取先攻陷容易攻擊的陣地，最後再集中火力攻擊堅固的陣地。可說是按照「易戰」原則的作戰方式。

相對地，在物資上處於決定劣勢的日本軍只能被迫反覆做肉搏戰。面對美軍壓倒性的火力，日本軍的突擊只會徒增死傷人數。

被美軍奪取制海、制空權的卡達爾卡那爾島上的日本軍陷入補給困難之苦，瀕臨極為窘困的境地。

日本軍終於從卡達爾卡那爾島撤退，美軍獲得壓倒性的勝利。美軍的死傷者約五千六百人（戰死約一千五百人），而日本軍戰死者約八千二百人，餓死或病死者達一萬一千人，而美軍無一名士卒死於饑餓。

89 離戰——離間敵國人心

凡與敵戰，可密候鄰國君臣交接有隙，乃遣諜者以間之。彼若猜疑，我以精兵乘之，必得所欲。

法曰，親而離之。

【文意】

與敵軍作戰之際，若敵國君臣間的信賴關係出現間隙有機可乘，則派遣間諜製造雙方的不信，再趁機攻擊必可達成目的。

兵法有言：「分裂敵國信賴關係。」（『孫子』〈始計篇〉）

【戰例】

戰國時代，周赧王三十一年（西元前二八四）燕國樂毅被任命為燕、秦、魏、韓、趙聯合軍的統帥，出兵攻打齊國。齊軍大敗，齊湣王從京城脫逃出藏匿於莒（山東省莒縣）。雖然其他諸侯之軍早已撤退，然而樂毅仍然率燕軍在齊國內轉戰，攻下齊七十餘城。但是，唯獨莒和即墨（山東省平度之東南）不降服。

尤其是莒城，由楚派來支援的淖齒殺了湣王後固守城壘，經過數年仍然不降服。樂毅終於放棄而攻擊東方的即墨。

即墨的守衛軍官戰死，田單被選拔為繼任者。

就在此時，燕昭王去世，惠王即位。

惠王曾與樂毅交惡。得知此事的田單，秘密派遣間諜到燕國，故意放出情報說：

「齊國湣王早已去世，如今唯獨二城還未攻陷。此二城之所以遲遲攻不下，乃是樂毅暫緩攻擊之故。樂毅唯恐新即位的惠王給予處罰而不歸國，故意拖延戰局，其實其本意是想擔任齊王而伺機等待。樂毅最擔心的是燕國派遣其他統帥來代替其職位，如此即墨將在預期之前被攻陷。」

燕惠王信以為真，立即命令騎劫為新任統帥。

樂毅亡命在趙國，結果燕國將兵之間瀰漫著一股不協和之氣。

田單在即墨城內將一名士兵塑造成活神佛，利用迷信圖謀民心一致，同時，聚集一千餘頭牛，在牛角上綁住刀刃，又在牛尾上結上沾油脂的稻梗。一到晚上，便在這些牛隻的尾巴放火縱其一起由城內衝向城外。

尾巴被燒的牛群瘋狂地闖進燕軍陣營，而尾隨在牛群之後的是齊軍的五千名精銳。被突擊的燕軍大混亂，分做鳥獸散。

乘勝追擊的齊軍終於奪回被占領的七十餘城，由莒擁護襄王到臨淄即位。（『史記

』〈田單列傳〉）

【解　說】

田單在此戰中所應用的，利用火牛攻擊敵戰的方法稱為火牛陣或火牛計而聞名。

日本的源平合戰，壽永二年（西元一一八三）在加賀、越中境界的礪波山中所展開的俱利伽羅崖之戰，也是利用火牛戰術的戰例。

面對在礪波山上的猿馬場的平維盛所率的平家軍，木曾義仲出動小部隊由正面吸引其注意，日落後又暗中移軍到側面及後方。到了深夜放逐牛角綁上火把的牛群，即以火牛進攻，一舉攻陷平家軍。在黑暗中陷入混亂的平家軍無路可逃，只好潛入山勢險峻的俱利伽羅崖，木曾義仲所率領的源氏軍獲得大勝利。

另外，由於司令部的對立，與不信而招致敗北的近代中的戰例，有第一次大戰中的坦尼堡之戰。

德軍的藝登布魯特陸軍元帥與陸登德魯夫將軍發揮了極為優越的合作關係，而蘇俄軍的沙姆森若夫將軍與雷寧坎布將軍如水火之交，幾乎互不通往來。他們的對立很深，日俄戰爭時二人還曾經在滿州的奉天車站互毆對方。

一九一四年八月的坦尼堡之戰德軍獲得大勝利，被認為此役是德軍以坦尼之戰（西元前二一六年）為借鏡的巧妙作戰，的確無懈可擊，不過，俄軍司令官彼此的對立造成俄軍的作戰與行動缺乏聯繫也是重大的原因。

在俄軍慘遭大敗北之前，沙姆森若夫將軍舉槍自殺，而雷寧坎布將軍被後來成立的蘇聯共產黨政府處刑。

90 餌戰——切莫受誘於敵軍

凡戰，所謂餌者，非謂兵者置毒於飲食。但以利誘之，皆為餌兵也。如交鋒之際，或牽牛馬，或委財物，或捨輜重，切不可取之。取之必敗。法曰，餌兵勿食。

【文　意】

作戰時給敵軍誘餌並不是指在敵軍的食物上下毒，而是以利益誘惑敵軍，這就是餌兵。戰鬥之際，即使敵軍放出牛馬、捨棄財物或棄補給物於不顧，絕對不可以此為戰利品而捕獲之．若專注於這些物質上必敗北。

兵法有言：「對引誘人的餌兵千萬不可食之。」（『孫子』〈軍爭篇〉）

【戰　例】

後漢時代末期，獻帝建安五年（西元二〇〇），袁紹派遣軍隊攻打曹操的部下所陣守的白馬（河南省滑縣之東）。但是，曹操親率援軍趕到給予擊破，袁紹軍的指揮官顏良戰死，終於解除白馬的包圍。並讓白馬的居民移住到西邊。

袁紹聽聞白馬戰敗後，率大軍渡過黃河，追擊曹操軍來到延津（河南省汲縣之東，舊黃河的渡口）的南邊。

曹操停止大軍聚合在南邊的坡道下，讓騎兵卸下馬鞍讓馬休息。這時，前往白馬的曹操軍的補給路線已經出發。

許多部下進言說，袁紹軍的騎兵眾多，應暫緩補給路隊的出發。但是，荀攸說：

「這才是釣敵之餌。應在此時讓補給路隊出發。」

袁紹軍的騎兵隊長文醜及蜀漢的劉備，發現曹軍的補給隊後，便率領五～六千做前後襲擊。

曹操的部下請求允准上馬。曹操說：

「為時尚早。」

不久，圍住補給部隊的騎兵數增多，大家爭先恐後的開始掠奪物資。

曹操說：

「時機到了！」

於是命令全體乘上馬一起攻擊，擊破了爭先恐後強奪物資的袁紹軍，文醜戰死。（

『三國志』〈魏書・武帝紀〉）

【解　說】

第二次世界大戰中，一九四四年十月的菲律賓海戰（雷地海戰）可說是美日最後也是最大的海戰。日本軍是採取對登陸立德島的美軍，以艦隊突進立德灣，擊破停泊其中的運輸船以挫折美軍登陸的戰法。而主力軍栗田艦隊成功地突進立德灣，因此，日本海軍以小澤航空母艦隊為誘餌，想誘導美國海軍的主力到北方，換言之，是實行覺悟小澤航空母艦隊全滅的「餌戰」。

從某個角度來看日本軍的這次「餌戰」可說是成功，因為，哈傑上將所率領的美國第三艦隊果然中計，盯住小澤艦隊而往北方前進。趁此空隙栗田艦隊前進到立德灣入口附近，與美國的護衛航空母艦群交戰，但結果卻放棄闖進立德灣的計劃而撤退。

好不容易攻到立德灣而栗田長官卻下達的返回命令，被後人稱為「疑惑的返回」，不過，日本方面通信設備不足所造成的情報不足，相互聯擊上的缺失等尤其是最大的原因。

日本海軍費盡苦心以餌兵誘出哈傑艦隊，結果卻落得慘敗。由於這個海戰的敗北，日本海軍已經喪失艦隊決戰的能力。

91 疑戰——有效利用陷阱或偽裝

凡與敵對壘，我欲襲敵，須叢聚草木，多張旗幟，以為人屯，使敵備東，而我擊其西，則必勝。或我欲退，偽為虛陣，設留而退，敵必不敢追我。法曰，眾草多障者，疑也。

【文 意】

與敵軍佈陣對峙而欲攻擊敵軍時，應在草叢或森林中張揚多數旗幟或旗印，隱瞞我軍的聚集地點，若能誘導敵軍守東而擊其西，則可獲勝。撤退時若能偽裝防禦陣地而設營，敵軍必戒慎而不敢追擊。

兵法有言：「草叢覆蓋過多之處是為令敵軍懷疑有伏兵的偽裝。」（『孫子』〈行軍篇〉）

【戰 例】

西元五七六年，南北朝時代北周武帝攻打北齊。

首先，讓宇文憲陣守雀鼠谷（山西省介休），武帝則親率大軍包圍晉州（山西省臨汾）。

北齊後主聽聞晉州遭受包圍，親率軍隊前往救援。

當時北周由陳王純駐屯千里徑（山西省臨汾之北）、宇文椿駐屯雞棲原（山西省霍縣西北）、宇文盛防守汾水關（山西省靈石西南、汾水的東岸），全軍統帥為宇文憲。

宇文憲暗中對宇文椿說：

「『孫子』兵法說兵乃詭道。紮營佈軍時，何妨不用陣幕而切柏木製成小屋以矇敵軍？如此即使在軍隊移動之後，敵軍看見小屋必不敢輕舉妄動。」

北齊後主將部份兵力送往千里徑，令一部兵力前往汾水關，自己率領主力軍攻打宇文椿。宇文椿請求援軍，宇文憲趕來應戰卻敗給北齊軍。

宇文椿與宇文憲的北周軍趁夜撤退，但是，北齊軍在後追擊。不過，一看見宇文椿的部隊所架設的小屋，果然懷疑其中潛藏著伏兵而不敢再做追擊。

等北齊軍發覺小屋內空無一物，已是翌日之後的事。（『北史』〈宇文憲傳〉）

【解　說】

被認為是最污穢戰爭的越南戰爭。其陰慘之一是熱帶雨林內所佈下的各種陷阱。越戰在熱帶雨林內所架設的陷阱，幾乎都是單純的構造，但愈是單純的事物愈具效果，看見戰友腳趾甲脫落、血跡斑斑的腿、被竹槍貫穿的屍體等，美軍士兵個個心生畏懼，大大地降低了士氣。

另外，由於過度防備越共的陷阱，使美軍的行動變得過份慎重而無法採取快速的作戰。越戰中美軍可說是被越共的「疑戰」顛覆得神魂顛倒、疲憊不堪。

越共所架設的陷阱中最具代表的是手榴彈與電線組合而成的東西，當腳絆到電線立即爆炸的陷阱，還有彈簧陷阱。那是在二片鋼板上堆上大釘，當踏上其中一片鋼板，另一片鋼板就轉過來，鋼板上的大釘趁勢刺穿小腳。同時，大釘的釘頭上還擦上人糞或劇毒，提高了罹患壞疽的機率。而在地穴或草叢中等各個地方都埋有大釘。

因越共所設下的陷阱造成傷害及恐懼，也促成美軍的殘虐行為，使越戰越增淒慘。

92 窮戰——不可追擊陷入窮途末路的敵軍

凡戰，如我眾敵寡，彼必畏我軍勢，不戰而遁，切勿追之。蓋物極則反也。宜整兵緩追，則勝。

法曰，窮寇勿追。

【文 意】

作戰時我軍兵力多而敵軍兵力少，敵軍畏懼我方而避免戰鬥，撤退時絕不可輕率追擊。因為凡事物極必反，若能先整頓我方態勢，對急躁而紮實地追擊必可獲勝。

兵法有言：「千萬不可追擊已落入窮地之敵。」（『孫子』〈軍爭篇〉）

【戰　例】

西元前六一年，漢趙充國奉命鎮壓羌族先零的叛亂。

率領漢軍的趙充國總是不急躁地發動追擊，在行軍前往先零駐地中，處處防備敵軍的奇襲，並且慎重的偵察。

先零軍本來氣勢雄偉聚集一處，然而漢軍出乎意外地姍姍來遲，因此，士氣及規律漸漸地渙散。等看到漢大軍來到時，卻連補給車也棄之不顧，爭先恐後地想要渡過湟水（黃河上游的支流）逃亡。不過，其逃亡路途極為狹窄險峻。

趙充國緩慢追擊。一名部下進言說：

「若急速追擊必可獲敵。目前的追擊速度過於緩慢。」

然而趙充國卻回答說：「對於陷入窮途末路的敵軍不可窮追不捨。徐緩追擊逃軍則無所掛慮，然而急追可能引起敵軍瘋狂地反擊。」

聽聞此言，部下們個個贊成說：「正如將軍所言。」

結果，爭先恐後逃亡的羌族中，在河川溺死者有數百人，降伏或被斬首者高達五百餘人。（『漢書』〈趙充國傳〉）

【解　說】

有一句成語說「窮鼠嚙貓」，趙充國所避諱的就是無路可逃的老鼠會瘋狂的反擊。趙充國處事慎重，他防止敵軍做出其不意的反擊而穩穩地守住獲勝的戰果。

徹立窮追處於孤立無援的小國，結果遭受落敗者瘋狂的反擊而導致嚴重犧牲的戰例中，有一九三九年十一月～四〇年三月的蘇聯、芬蘭的戰爭。

在第二次世界大戰中，蘇聯以身為聯合國的一份子和德軍作戰，扮演了解放者的角色，當初和德軍希特勒狼狽為奸瓜分波蘭，接著又併吞波羅地海三小國，一步步地擴張其領土，後來史達林又企圖獨佔芬蘭。

一九三九年十月，蘇聯要求芬蘭說：

「從防衛列寧格勒的觀點來看，蘇聯與芬蘭之間的國境過於接近列寧格勒，我們希望把國境往芬蘭這邊移動。」

這簡直是目中無人的無理要求。這是看準小國芬蘭畏懼大國蘇聯，必忍氣吞聲接納此項要求的蠻橫無理的要求。但是，芬蘭毅然決然地回絕蘇聯的要求。因為若接納蘇聯的要求，芬蘭必定和波羅地海三小國一樣，不久即被蘇聯併吞。

兩國交涉決裂，蘇聯在十一月三十日單方地廢棄兩國間的不可侵犯條約，以約一百二十萬壓倒性的大軍攻進芬蘭。芬蘭向國際聯盟控訴蘇聯的侵略行為，國際聯盟接受芬蘭的控訴將蘇聯除名。但是，毫無武力背景的國際聯盟事實上也愛莫能助。

芬蘭面臨亡國的危機，舉國上下一致抵抗。曼尼爾海姆將軍所率領的二十萬軍利用適時而來的寒冷與積雪，活用湖、森林的地形徹底抗戰。

芬蘭最後雖然在翌年二月不敵而降伏，然而卻因為其頑強的抗戰，使蘇聯軍陷入苦鬥，造成蘇聯軍死者二十萬、喪失一千六百輛戰車、六三四架飛機的重大損失。芬蘭軍死者達二萬五千人。

正如歷史所示，希特勒看見蘇聯、蘇蘭戰爭中，蘇聯軍意外地裸露其脆弱的一面，而掌握蘇聯軍的實力致激起德軍趁機侵佔蘇聯的行動。

93　風戰——順風攻擊、逆風固守

凡與敵戰，若遇風順，致勢而擊之。或遇風逆，出不意而搗之，則無有不勝。法曰，風順致勢而從之，風逆堅陣以待之。

【文　意】

與敵軍對陣時若遇順風，則趁風勢攻擊，若遇逆風，則出其不意突擊必可獲勝。

兵法有言：「趁順風之勢攻擊，居逆風則固守迎擊。」

【戰　例】

西元九四五年，五代十國的後晉統帥杜重威在陽城（河北省保定之西南）與北方游牧民族契丹作戰，但是，陷入苦戰進而被包圍。

軍中缺水想掘井，然而土質鬆軟隨即崩塌。碰巧吹起一陣東北強風，契丹軍利用此風放火，隨即在強風吹襲下捲起一片沙塵，送進後晉軍陣內。

後晉軍的將兵們各個忿怒暴躁而高聲說：

「杜重威將軍何以不命令出擊，難道是要我軍坐以待斃。」

接受部下要求的杜重威說：「等風勢變弱後各位認為應當如何？」

部下李守貞說：

「敵軍兵力多而我軍稀少，然而在此強風下並無法分辨兵力的大小，總而言之，先攻者為勝。這陣強風對我軍而言可謂神來之風。」

杜重威聽完此言隨即面對全軍大聲說：

「一起出擊！」

張彥澤和部下商量作戰計劃，一名部下說：

「當今敵軍處於順風，應等待風向轉變再作戰。」

張彥澤認為此話很有道理。然而藥元福卻說：

「如今我軍陷入飢渴之際，若等到轉變風向，全軍已成為敵的俘虜。敵軍大概認為我軍處於逆風大概不敢進攻。這時應趁敵軍不備給予攻擊。這才是『孫子』中所謂的"兵乃詭道"。」

因此，苻彥卿隨及率領精銳部隊攻打契丹軍，出奇不意地將契丹軍擊退二十餘里。契丹軍的君主逃走十餘里路，看見後晉軍又追擊而來，終於慌張地改騎駱駝逃亡。後晉軍終於擊退了契丹軍。（『舊五代史』漢書．杜重威傳）

＊與本文的表現類似有『吳子』〈治兵〉「風順致呼而從之，風逆堅陳以待之。」

【解說】

一八〇五年十月二十一日，尼爾森總督所率領的英國海軍擊破法國、西班牙聯合艦隊的特拉法爾卡海戰，就是因順風而獲勝的戰例。

當時英軍艦隊只有二十七艘，而法國、西班牙聯合艦隊有三十三艘。但是，英軍艦隊分成兩路從上風突擊排列成縱隊的法國、西班牙聯合艦隊。尼爾森統帥親自率領的十三艘艦隊進入法國艦隊的中央部份，另外的十四艘則攻擊後來的西班牙艦隊。因此，雖然在軍艦數量上取得優勢的法國、西班牙聯合艦隊，在被斬斷頭尾之後，前衛部隊無法參與戰鬥。

結果英國艦隊獲得大獲利。但是，尼爾森總督卻戰死。

由於這次海戰的敗北，拿破崙遠征英國本土的夢想終於破滅。

94 雪戰——攻打敵軍不備之處

凡與敵人相攻，若雨雪不止，觀敵無備，可潛兵擊之，其勢可破。法曰，攻其所不戒。

【文　意】

與敵軍進行攻防戰時，若遇雨雪紛飛，而敵軍鬆懈其警戒時，若能暗中出動大軍給予奇襲即可擊破敵軍。

兵法有言：「攻擊敵軍不備之處。」（『孫子』九地篇）

【戰　例】

唐朝時代，吳元濟在淮西（河南省東南部）造反，雖然唐軍屢次前往鎮壓卻無法將之平定。西元八一七年，李愬被任命為討伐軍的新任統帥。

李愬在出兵之前派遣一千餘騎偵察部隊為前導，這個偵導部隊碰巧與吳元濟的部下丁士良所率的部隊相遇，兩軍交戰結果丁士良被俘虜。

丁士良在吳元濟的軍中是出名的猛將，以往曾無數次困擾唐軍。因此，唐軍的將士都渴望將丁士良處刑。李愬應允，然而丁士良卻面不改色。

看見丁士良毫不畏懼的豪膽，李愬隨即命令士兵解開其繩索。受到這種待遇，丁士良終於懇請歸順。李愬也立即應允並任命為將官。

丁士良向李愬說明叛軍的內情後說：

「文城柵（河南省遂平之西南）有一名叫吳秀琳者，是反叛軍的首腦。以前唐軍之所以無法推進，乃是因吳秀琳有一名叫陳光洽的部屬。但是，陳光洽雖然勇猛卻常有輕率之舉，喜好親自戰鬥。若能逮捕陳光洽，便能迫使吳秀琳降服。」

當陳光洽等被補時，吳秀琳果然前來向唐軍投降。

李愬詢問已經歸順的陳光洽平定叛軍之策，陳光洽回答說：

「若想完全平定叛軍，逮捕李祐乃當務之急。」

李祐是吳元濟最信賴的部下，不但勇猛又具智謀，鎮守興橋柵（河南省遂平東南），曾經數度與唐軍交戰，常令唐軍大傷腦筋。

碰巧李祐率軍前來割麥，李愬命令部下在林中埋伏三百名的騎兵，出其不意給予突擊。終於捕獲李祐。

李愬的部下都希望將李祐處刑。但是，李愬不表同意，並以客人之禮對待他，並與之交談。但是，由於無法平撫部下們的不滿，只好將李祐護送到京城。在此之前，李愬暗中寄一封書信給皇帝。

「若將李祐處刑就無法平定叛軍。」

皇帝洞察李愬的心意，又將李祐送回李愬的陣營。

李愬與李祐再度會面大為歡喜，立即任命其為將官，並允許其在本陣內也可攜帶刀槍自由地進出。

李祐深感李愬的禮遇而進言說，叛軍的根據地蔡州（河南省汝南）兵力薄弱，應向蔡州展開奇襲攻擊。

結果依李祐之計展開蔡州的攻擊。李祐與李忠義率領三千騎兵帶頭領軍，李愬也率三千騎兵位居中央，而李進誠率三千騎兵殿後。

出發之前，李朔向全軍說：

「一直往東前進六十里。」

到了夜裡來到張柴村（河南省遂平之東），將該地的叛軍全數消滅後稍做休息，讓士兵進食所攜帶的食糧並檢查裝備。

碰巧風雪巨變，旗幟、旗印裂開，行軍中陸續出現人馬凍死的現象，士兵們咬緊牙關與死神搏鬥。被部下詢問目地時李愬說：

「突襲蔡州，活捉吳元濟！」

部下們聽聞此言各個臉色大變，其中甚至有人哭訴著怒吼：

「我們中了李祐的計謀了！」

由於大家畏懼李愬，所以無人膽敢反抗命令。

深夜，雪越下越大。李愬派遣部份輕騎兵防堵由郎山（河南省确山）前來的援軍，並破壞通往洄曲（河南省商水的西南）及其他的橋樑，而親率主力軍七十里朝懸瓠城（河南省汝南）前進。

懸瓠城外有一座野鴨池。李愬命令士兵追逐野鴨，利用野鴨的鳴叫聲以避免讓反叛軍察覺自軍的動向。

造反已經三十餘年，然而其間唐軍從未涉足蔡州。因此，唐軍的出現完全出乎叛軍的意料之外。李祐等先發部隊擊毀土塀、登上城壁、殺死城門的守衛軍，將巡夜的警備兵捕擄後，打開城門引進唐軍入城。

黎明，大雪停止。吳元濟在茫然中被唐軍所逮捕。吳元濟被送回京城。終於平定了淮西之地。（『舊唐書』李朔傳）

【解　說】

第二次世界大戰的初期，德軍突破阿爾迪羅森林，對法國的侵略就是「攻其不備」的典型戰例。

第二次世界大戰前，法國唯恐鄰國德國的侵略，在與德國的國境全線上，北從與盧森堡的國境，南至與瑞士國境間，綿延四百里，投下鉅資架築要塞線，正是所謂的馬其諾防線。

馬其諾防線是佈置著各種大砲，並在三～四公里的間隔裡呈閃電狀地搭建居住環境良好的地下大堡壘。其間還建有中堡壘，而在這中間又配置步兵以固守的戰房，可謂難攻不破的設計。

不過，當馬其諾防線完成時，整個法國因而迷漫著所謂馬其若防線信仰的安全感。然而馬其諾防線沒有延伸到與比利時之間的國境，卻成為其破綻。

法國認為該處是一片起伏不平的阿爾迪羅森林，德軍戰車部隊不可能通過，法軍在該處幾乎沒有設下任何防衛。

但是，當德軍進攻法國之際，德軍的曼修太伊將軍建議迴避馬其諾防線，而採取突破法軍認為不可能突破的阿爾迪羅森林的戰略。一九四〇年五月十日，熊·倫提休提特所率領的A集團軍通過了被認為不可能通過的阿爾迪羅森林。七個裝甲師浩浩蕩蕩的闖進法國本土。

認為擁有馬其諾線即能高枕無憂的法軍，面對德軍的閃電攻擊，不知如何應付，而節節敗退。五月底，英軍開始從塔克魯克往英國本土撤退，六月二十五日，法國的貝坦內閣終於向德國降服。

95 養戰——士兵應給予充分休養

凡與敵戰，若我軍曾經挫衄，須審察士卒之氣。氣盛則激勵再戰，氣衰則且養銳，待其可用而使之。

法曰，謹養勿勞，併氣積力。

【文　意】

與敵軍作戰時，若我軍慘遭敗北，必須仔細掌握士兵的精神狀況。若精力旺盛，可給予激勵再赴戰場。若士氣低落，應稍做休息，等到士氣恢復時再應戰。

兵法有言：「使士兵充分休養避免疲憊，以儲蓄提高士氣的戰力。」

【戰　例】

西元前二二五年，戰國時代末期，秦王政（後來的秦始皇）詢問李信：

「若要平定荊地（楚）必須要多少兵力？」

當時剛立下汗馬功勞的李信，自信滿滿地回答說：

「若有二十萬兵力就足夠了。」

秦王以同樣的問題詢問王翦，王翦回答說：

「至少必須有六十萬兵力。」

秦王說：「王翦將軍終究已經老邁，竟然如此洩氣。倒是李信將軍勇敢。」

於是命令李信與蒙恬率二十萬大軍南下攻打楚國。

王翦由於自己的意見不受採納而告病回到頻陽。（陝西省富平之東北）。

李信與蒙恬各擊破楚軍。李信率軍往西在城父（河南省保豐之東）打算與蒙恬軍會合。

楚軍見此即尾隨李信之後，連續三天不紮營地持續攻擊，終於大敗李信軍。攻陷兩座陣營，秦軍有七名統率戰死，李信敗走。

接獲李信敗走消息的秦王，大為忿怒。同時，親自趕至頻陽向王翦致歉，並請其出馬。王翦說：

「臣下已老邁不中用，請另請高明。」

「千萬不要這麼說，無論如何懇請您出馬上任。」

「若執意臣下出馬，無論如何必須有六十萬兵力。」

「當然、當然。」

王翦出陣時，秦王親自到灞上（陝西省西安之東）送行。

楚國得知王翦率大軍來襲，動員全國兵力備戰。但王翦固守陣營並不出擊作戰。

王翦每日讓士兵休養、給予充分的飲食，而自己的飲食也和士兵一樣。持續這種狀況一段日子之後，王翦向部下詢問士兵的狀況，所得到的回答是「目前體力過剩，利用投石、賽跑競技消磨時間」。

王翦說：

「士兵已經可以派上用場了。」

於是追擊因王翦不受挑戰而往行軍的楚軍。

經過充分的休養而士氣高昂的秦軍士兵，在蕲（安徽省宿縣之南）與楚軍作戰。激戰之後獲得大勝利。楚軍元帥項燕戰死，楚軍終於敗走。

王翦趁勝攻打楚國各城，一年餘終於完全消滅楚國。（『史記』白起・王翦列傳）

＊與文本類似表現者有『孫子』〈九地篇〉「謹養而勿勞、併氣積力」。

【解　說】

二次大戰中，以「Battle of Britten」（英國本土航空戰）著名的德軍與英國的英吉利海峽的制空權爭奪戰，也是英軍的「養戰」獲得勝利。

希特勒在發動「海獅作戰計劃」襲擊英國本土之前，為了獲得制空權，命令德國空軍摧毀英國空軍。當時，德國空軍擁有三倍於英國空軍的飛機，在戰鬥機方面，英國有五九一架，而德國則擁有一二九〇架的二倍優勢。

八月二十四日到九月六日之間的兩個禮拜，德軍每天投下一千架戰鬥機，連日對英國本土的軍事目標展開激烈的攻擊，而迎擊的英國空軍除了飛機的消耗外，飛行員的疲勞也已接近界限。因為連著一星期以上每天出擊六次已不足為奇。

英國空軍的毀滅可說是迫在眉睫。

但是，九月七日的戰況起了變化。因為在此之前的八月二十六日晚上，英國空軍果敢地利用轟炸機空襲柏林的行動，德國空軍總司令格林為了報復，將以往做為攻擊的軍事目標轉移到對英國倫敦的空襲。這個方針的改變是德國空軍在「Battle of Britten」落敗的決定性要因。在連續九週的倫敦大空襲中，的確讓英國人民遭受莫大的損害。但另一方面卻讓瀕臨崩潰的英國空軍，尤其是飛行員獲得休息與恢復的時間，對英國空軍而言，藉此可節約燃料，飛行員在緊急出動前待機等候，將休息時間做最大的活用。

結果，無法制服英國空軍的希特勒，不得不放棄海獅作戰。

96 畏戰——消除士兵不安、激勵其勇氣

凡與敵戰，軍中有畏怯者，鼓之不進，未聞金先退，須擇而殺之，以戒其眾。若三軍之士，人人皆懼，則不可加誅戮，重壯軍威。須假之以顏色，示亦不畏，

說以利害、喻以不死，則眾心自安。

法曰，執戮禁畏，太畏則勿殺戮。示之以顏色，告之以所生。

【文　意】

與敵軍作戰之際，部隊中若有膽小之兵，聽前進之鼓聽也不往前，聞後退的鉦音即逃走，必須嚴懲該人做為全軍的處罰。但是，若全軍士兵都心生畏懼時，決不可給予處罰或處處規定，應以和善表情面對全員，說服其不必惶恐，仔細說明狀況，證明絕不會戰死，消除士兵的不安。

兵法有言：「軍法的目的乃為防止士兵的委縮，然而全軍士兵因恐懼而委縮時，不應採用軍法，而必須和顏悅色地說明必可生還。」

【戰　例】

西元五五五年，南北朝時代梁武將陳霸先（後來建立陳、武帝）攻打同是梁的武將王僧弁之際，與兄之子陳蒨（以後的陳文帝）共同籌劃嚴密的作戰計劃。

當時，王僧弁的女婿杜龕駐屯於吳興郡（以浙江省吳興之南為中心），擁有不可輕忽的兵力。陳霸先暗中讓陳蒨回到長城（浙江省長興——陳霸先的出生地），架築木柵做好防衛準備。這是預測杜龕必來襲擊的對應之策。

突然，杜龕之軍前往奇襲陳蒨之軍。

將兵因遭受突然而來的攻擊大為震驚、人心動搖。但是，陳蒨態度從容並面帶微笑地指示應對之策。彷彿安排既定的事宜一般地神態自若。因此，部下們立即安靜下來。（『南史』陳本紀）

＊與本文類似表現者有『司馬法』〈嚴位〉「執戮禁顧，譟以先之。若畏太甚，則勿戮殺。示以顏色，告之以所生。」

【解說】

擅長激勵士兵並提高其戰意者，拿破崙可謂首屈一指。

一七九六牛率領裝備不齊的法軍，越過阿爾卑斯遠征義大利的拿破崙，向士兵發表演說：

「眾將兵們，諸君赤身露體，食糧亦不充足……我將帶領諸君到世上最為肥沃的平原。諸君在該地必然能夠找到光榮、名譽及戰利品。遠征義大利的士兵們，難道無此勇氣嗎？」

另外，在一九九八年遠征埃及的拿破崙，面臨決戰之前，遠望金字塔，對士兵激勵之詞廣為後世流傳。

「將兵們，四千年的歷史正俯視各位。」

當然，拿破崙傳說化之後，對史實多少有所潤飾。不過，這也正表示拿破崙如何巧妙地掌握法國將兵之心的證據。

97 書戰——情報會左右戰局

凡與敵對壘，不可令軍士通家書，親戚往來。恐言語不一，眾心疑惑。法曰，信通問，則心有所恐。戚往來，則心有所戀。

【文 意】

與敵軍彼此紮營對陣時，絕對不允許士兵與家人書信往來，或與親戚友人會面。否則，恐怕各種情報混亂，在士兵間造成疑心的狀況。

兵法有言：「讀書信心中混淆，與親戚友人會面必有牽掛。」（出典不詳）

【戰 例】

後漢時代末期，蜀漢武將關羽率軍駐屯在江陵（湖北省江陵）。

而吳國由呂蒙取代魯國為陸口（湖北省嘉魚之西南、陸水與長江合流處）的守備隊長。

呂蒙剛開始在表面上恪盡恩義與關羽保持友好關係。後來，趁關羽掉以輕心而遠征之際，偷襲蜀漢屬地公安與南郡，鎮守的將兵全數投降。

最後進入關羽根據地江陵的呂蒙，對成為俘虜的關羽家族及其部下的家族均厚禮相待。同時，嚴令士兵禁止向住民施暴、掠奪。

呂蒙的部下中有一名同是汝南郡出生者，從民家取來一頂斗笠做為避雨工具。呂蒙認為這是違反軍紀，淚流滿面地說：

「縱然是同鄉也不可網開一面。」

含淚忍痛給予處刑。

從此之後，全軍士兵個個膽顫心驚，連馬路上的遺失物也不敢撿拾。呂蒙又命令部下前往慰問老人，替病人找醫生或藥草護理。對待貧困者供給其衣食。

關羽率軍返回的途中，屢次差遣使者會見呂蒙。每次呂蒙對於關羽的使者都是以禮相待。同時，允許他們自由地在城鎮內巡視，挨家挨戶的拜訪。住民之中有人暗中交給使者親筆信函以表示生活起居沒有任何改變。

當使者回到關羽的陣營，將兵們各個暗中探詢家族的安否。得知平安無事並受到優厚待遇後皆感到放心，對呂蒙之軍也喪失了敵愾心。

不久，吳王孫權率大軍來到。

關羽手下的軍隊各個士氣低落，根本無法應敵。於是關羽率軍往西邊的漳鄉（湖北省當陽的東北）遁逃。然而有部下將兵背叛關羽投降，結果關羽被殺。（『三國志』吳

書・呂蒙傳)

【解　說】

一九八九年在東歐各國，連鎖性地發生彷彿倒骨牌現象的「共產政權的瓦解及民主化的掘起」，追根究底當然是蘇聯軍已發揮不了作用，冷戰已經結束。不過，各國民主化運動的情報，藉由電訊分秒真實報導，也促成各國民眾對民主化的推動。從這一點看來，這可說是西方諸國的「書戰」勝利吧！一九八九年十一月深夜，柏林圍牆的崩塌從衛星轉播中同時在世界各地放映。

以往，東歐諸國極端地限制西方諸國的消息。而且一再地宣傳西方諸國的勞工們受資本家的壓榨，面臨失業、貧困。

但是，電視的電波彷彿櫥窗一般，一幕幕地放映西方國家的富饒生活，更提高了東歐國家民眾對西方世界的憧憬，共產黨政府的宣傳已不管用。不過，在另一方面卻也造成人民以為，只要從社會主義改變為資本主義必可豐衣足食的幻想。

所謂書戰亦可說是情報的管理。

一九九一年的波斯灣戰爭中，美國徹底實行傳播媒體的採訪限制與管理，這是越戰教訓的反省。在越戰中，由於允許自由採訪，結果向世界傳達了不利美國的情報，結果遭至反戰、反美運動的風潮。這段痛苦的體驗讓美軍記取了教訓。

98 變戰——臨機應變

凡兵家之法，要在應變。好古知兵，舉動必先料敵。敵無變動則待之。乘其有變，隨而應之，乃利。

法曰，能因敵變化而取勝者，謂之神。

【文 意】

兵法之妙貴在於臨機應變。熟悉過去的戰例與兵法在採取行動之前必先調查敵情。若敵情無任何變化，應等待俟其變化再給予反應，才能掌握有利態勢。

兵法有言：「能順敵情應變而獲勝者可謂神妙。」（『孫子』虛實篇）

【戰 例】

五代十國，後梁末期，魏州（河北省大名之北）發生叛亂。當地武將賀德倫向強勁的地方派系李存勗（後來建立了後唐）投降。

李存勗率軍進入魏州城。

前往討伐李存勗的後梁武將劉鄩，在莘縣（山東省莘縣）佈陣，修建城壁、城壕，又鋪設由莘縣到川邊的鞏壁路道以確保補給路線。

後梁皇帝催促劉鄩提早出擊，然而劉鄩回答說：

「目前李存勗的軍隊強勁有力，現在並非攻擊時機。我打算乘隙給予攻擊，絕非圖謀苟安。」

皇帝派遣使者詢問劉鄩的作戰方針。

劉鄩如此回答：

「並無特殊計謀。不過，若能支付每一士兵十斛穀物，必可擊破敵軍。」

聽聞此言，皇帝大怒說：

「需要米糧難道是要治療飢餓。」

於是再度派遣使者催促其出擊。

劉鄩召集部下說：

「戰地統率身負軍事大權，即使皇帝的命令也礙難聽從。因為作戰方式乃因敵軍狀況而改變，無法事先訂定戰略。況且如今敵軍士氣旺盛，難以為敵。諸君意下如何？」

部下皆渴望出擊。但劉鄩靜默不答。

不久，劉鄩再次召集部下，交給每人一杯川水令其飲盡。部下不懂劉鄩的意圖，有人飲盡，有人卻不喝。看到這個景況，劉鄩說：

「連喝一杯水都如此困難。如何喝盡川流不息的河水？」

部下各個變了臉色。

李存勗雖然頻來挑戰，皇帝也催促趕快出擊，然而劉鄩卻不出陣應戰。

李存勗察覺劉鄩的方針後，留下部份兵力，命令一名部下守備魏州，自己親率主力佯裝回西去。

看到此番動向，劉鄩心喜地向皇帝報告說：

「李存勗終於行動了。魏州已無防備，可以發動攻擊。」

於是率領一萬士兵攻擊魏州，擄獲多數戰俘及戰利品。

不久，李存勗之軍突然返回。劉鄩驚訝地說：

「李存勗還在！」

而慌張地命令全軍撤退。但是，遭到追擊而在故元城（河北大名之西）交戰，由於受到李存勗軍的前後夾擊，結果大敗。保住性命而逃亡（『舊五代史』劉鄩傳）

【解說】

所謂應變，乃是兵法的根本。但是，和以教條式、被動性地掌握應變的劉鄩相較起來，洞察劉鄩的「應變」方針，積極地「變動」以「應變」的李存勗可謂道高一尺、魔高一丈。這才是真正的「變戰」。

99 好戰——擴張軍力及亂用武力會遭致滅國

夫兵者凶器也。戰者逆德也。實不獲已而用之。不可以國之大，民之眾，盡銳征伐。爭戰不止，終致敗亡，悔無所追。然兵猶火也。弗戢，將有自焚之患。黷武窮兵，禍不旋踵。

法曰，國雖大，好戰必亡。

【文　意】

武器乃凶器，戰爭乃野蠻行為。只有無其他辦法，逼不得已時才征戰。即使國土廣大、人民眾多，若只考慮攻擊敵軍之事，而不顧慮結束戰爭必將滅國，戰爭如同火，完成目標後如不趕快熄滅，自己也會灼傷。無限制的擴大軍備及亂用武力，結果大難必將臨頭。

兵法有言：「雖為大國，若好戰爭必將滅亡。」（『司馬法』仁本）

【戰　例】

隨煬帝所統治的國土並不小，人口也不稀少。然而喜好輕率發動戰爭，而且不儘早結束戰爭。而因為連年征戰，一旦發生突發事件，遠征高句麗之軍慘遭敗北時，內部迅速陷入瓦解。結果成為歷史上的愚行。

為政者，對戰爭之事應慎重行事。

【解　說】

隋煬帝是我國史上代表性的暴君之一。

西元三一六年，西晉滅亡後，歷經五胡十六國時代、南北朝時代，將近二五〇年以上的分裂狀態的中國，由隋文帝（楊堅）再度統一。隋文帝落實政治，使民生富裕、國庫充足。

但繼任者的煬帝，令人勒殺病床上的文帝及兄長而即位為皇帝。即位之後，煬帝瘋狂式地開始消耗國力、大興土木及遠征。

他建設連接江南與華北的大運河（此運河到了唐代成為經濟的大動脈），建造四十餘所行宮，又製造數千艘龍船（船頭有龍裝飾的遊覽船），乘船在各地遊玩，又建造都城──大興城（東西南北各約十公里的巨大城堡）。無需贅言，這些工程全都是徵召人民的勞力。

同時，煬帝又對朝鮮半島北部的高句麗發動三次遠征。根據史書的記載，煬帝親自所率領的第一次遠征軍，兵力一一三萬，運輸隊的人員是其兩倍。而且動員龐大，人力又耗費巨額的國帑的遠征，最後又落得失敗。

文帝時代充足的國軍已虧空，又有接連不斷的土木工程、遠征，造成經濟疲憊，各地發生社會不安及反亂。隋終於在六一八年於混亂中滅亡。據說煬帝最後也落得被反叛軍的士兵絞殺的慘劇。

本章的戰例其出典不詳。

100 忘戰——居安思危

凡安不忘危，治不忘亂，聖人之深戒也。天下無事，不可廢武。慮有弗周，無以捍禦。必須內修文德，外嚴武備，懷柔遠人，戒不虞也。四時講武之禮，所以示國不忘戰。不忘戰者，教民不離乎習兵也。法曰，天下雖平，忘戰必傾。

【文　意】

處於太平之時不忘危險，在秩序之中不忘混亂，乃是明智之人的心態。即使天下安定也不忘記戰爭。若處安忘憂，那麼，防衛能力必然降低，應對內整頓政治，對外整備武力，用手段懷柔遠方異國，以避免發生突發事變。經常做軍事演習向各國表示不忘戰爭，同時，為了不忘戰爭必須讓國民做軍事訓練。

兵法有言：「天下安定時若忘記戰爭必招危險。」

【戰　例】

唐朝，在玄宗皇帝的英明治世下，長期以來天下太平，終於出現兵器生鏽、軍馬被放牧、武將被輕視、士兵無訓練、國防意識薄弱、國民已忘記戰爭的現象。

這時，突然發生安史之亂，國家立即陷入緊急的狀態。但是，讀書人中無人可任統帥率兵，都市之民不懂戰法，眼看著唐朝面臨滅亡的危機，京城文物幾乎全被毀壞。

這就是忘記戰爭的結果。

＊與本文類似表現者有『司馬法』〈仁本〉。「天下雖安，忘戰必危。」

【解　說】

一九九〇年八月，由於伊拉克軍的突然侵略，使科威特受到極大的損害。王族及多數國民紛紛往沙烏地阿拉伯、埃及等臨近的阿拉伯國家避難。

而科威特人幾乎沒有對伊拉克人採取任何反抗。因為在產油國的優渥條件下，習慣於富裕生活的科威特人，已經忘記該如何作戰。

據說逃亡國外的科威特富豪們，即使喪失了國家，由於早已巨額資金投資在海外，並無物質、金錢上的匱乏。在埃及等地，科威特的年輕人，每夜在高級夜總會遨遊，飛馳著高級車在街道闖蕩，令當地人極為不滿。假使科威特並非產油國，同時，不願戰略物資的石油為伊拉克所獨佔的多國聯軍若不即時趕到，毫無疑問的科威特必將被伊拉克所併吞而步上亡國之路。

與之對照的是，一九三九~四〇年蘇聯、芬蘭戰爭中，處於孤立無援而卻能舉國上下奮力反抗的芬蘭。雖然遭受處於絕對優勢的蘇聯的侵略，芬蘭卻團結一致抱定必死的決心奮戰。雖然最後因戰力懸殊而降服，卻也對蘇聯軍造成莫大的損害。

而且，芬蘭頑強地抵抗，也迫使蘇聯放棄併吞而保持了獨立。雖然戰敗若不做徹底的抗戰，必定和波羅的海三小國一樣遭受蘇聯併吞。

本章戰例出典不詳。

大展出版社有限公司
品冠文化出版社

圖書目錄

地址：台北市北投區(石牌)
致遠一路二段12巷1號
郵撥：01669551<大展>
19346241<品冠>

電話：(02)28236031
28236033
28233123
傳真：(02)28272069

・熱門新知・品冠編號67

1. 圖解基因與DNA （精） 中原英臣主編 230元
2. 圖解人體的神奇 （精） 米山公啟主編 230元
3. 圖解腦與心的構造 （精） 永田和哉主編 230元
4. 圖解科學的神奇 （精） 鳥海光弘主編 230元
5. 圖解數學的神奇 （精） 柳 谷 晃著 250元
6. 圖解基因操作 （精） 海老原充主編 230元
7. 圖解後基因組 （精） 才園哲人著 230元
8. 圖解再生醫療的構造與未來 才園哲人著 230元
9. 圖解保護身體的免疫構造 才園哲人著 230元
10. 90分鐘了解尖端技術的結構 志村幸雄著 280元

・名人選輯・品冠編號671

1. 佛洛伊德 傅陽主編 200元

・圍棋輕鬆學・品冠編號68

1. 圍棋六日通 李曉佳編著 160元
2. 布局的對策 吳玉林等編著 250元
3. 定石的運用 吳玉林等編著 280元

・象棋輕鬆學・品冠編號69

1. 象棋開局精要 方長勤審校 280元

・生活廣場・品冠編號61

1. 366天誕生星 李芳黛譯 280元
2. 366天誕生花與誕生石 李芳黛譯 280元
3. 科學命相 淺野八郎著 220元
4. 已知的他界科學 陳蒼杰譯 220元
5. 開拓未來的他界科學 陳蒼杰譯 220元
6. 世紀末變態心理犯罪檔案 沈永嘉譯 240元

7. 366天開運年鑑　林廷宇編著　230元
8. 色彩學與你　野村順一著　230元
9. 科學手相　淺野八郎著　230元
10. 你也能成為戀愛高手　柯富陽編著　220元
11. 血型與十二星座　許淑瑛編著　230元
12. 動物測驗—人性現形　淺野八郎著　200元
13. 愛情、幸福完全自測　淺野八郎著　200元
14. 輕鬆攻佔女性　趙奕世編著　230元
15. 解讀命運密碼　郭宗德著　200元
16. 由客家了解亞洲　高木桂藏著　220元

・女醫師系列・品冠編號62

1. 子宮內膜症　國府田清子著　200元
2. 子宮肌瘤　黑島淳子著　200元
3. 上班女性的壓力症候群　池下育子著　200元
4. 漏尿、尿失禁　中田真木著　200元
5. 高齡生產　大鷹美子著　200元
6. 子宮癌　上坊敏子著　200元
7. 避孕　早乙女智子著　200元
8. 不孕症　中村春根著　200元
9. 生理痛與生理不順　堀口雅子著　200元
10. 更年期　野末悅子著　200元

・傳統民俗療法・品冠編號63

1. 神奇刀療法　潘文雄著　200元
2. 神奇拍打療法　安在峰著　200元
3. 神奇拔罐療法　安在峰著　200元
4. 神奇艾灸療法　安在峰著　200元
5. 神奇貼敷療法　安在峰著　200元
6. 神奇薰洗療法　安在峰著　200元
7. 神奇耳穴療法　安在峰著　200元
8. 神奇指針療法　安在峰著　200元
9. 神奇藥酒療法　安在峰著　200元
10. 神奇藥茶療法　安在峰著　200元
11. 神奇推拿療法　張貴荷著　200元
12. 神奇止痛療法　漆 浩 著　200元
13. 神奇天然藥食物療法　李琳編著　200元
14. 神奇新穴療法　吳德華編著　200元
15. 神奇小針刀療法　韋丹主編　200元

・常見病藥膳調養叢書・品冠編號 631

1.	脂肪肝四季飲食	蕭守貴著	200 元
2.	高血壓四季飲食	秦玖剛著	200 元
3.	慢性腎炎四季飲食	魏從強著	200 元
4.	高脂血症四季飲食	薛輝著	200 元
5.	慢性胃炎四季飲食	馬秉祥著	200 元
6.	糖尿病四季飲食	王耀獻著	200 元
7.	癌症四季飲食	李忠著	200 元
8.	痛風四季飲食	魯焰主編	200 元
9.	肝炎四季飲食	王虹等著	200 元
10.	肥胖症四季飲食	李偉等著	200 元
11.	膽囊炎、膽石症四季飲食	謝春娥著	200 元

・彩色圖解保健・品冠編號 64

1.	瘦身	主婦之友社	300 元
2.	腰痛	主婦之友社	300 元
3.	肩膀痠痛	主婦之友社	300 元
4.	腰、膝、腳的疼痛	主婦之友社	300 元
5.	壓力、精神疲勞	主婦之友社	300 元
6.	眼睛疲勞、視力減退	主婦之友社	300 元

・休閒保健叢書・品冠編號 641

1.	瘦身保健按摩術	聞慶漢主編	200 元
2.	顏面美容保健按摩術	聞慶漢主編	200 元

・心 想 事 成・品冠編號 65

1.	魔法愛情點心	結城莫拉著	120 元
2.	可愛手工飾品	結城莫拉著	120 元
3.	可愛打扮 & 髮型	結城莫拉著	120 元
4.	撲克牌算命	結城莫拉著	120 元

・少 年 偵 探・品冠編號 66

1.	怪盜二十面相	（精）	江戶川亂步著	特價 189 元
2.	少年偵探團	（精）	江戶川亂步著	特價 189 元
3.	妖怪博士	（精）	江戶川亂步著	特價 189 元
4.	大金塊	（精）	江戶川亂步著	特價 230 元
5.	青銅魔人	（精）	江戶川亂步著	特價 230 元
6.	地底魔術王	（精）	江戶川亂步著	特價 230 元
7.	透明怪人	（精）	江戶川亂步著	特價 230 元

國家圖書館出版品預行編目資料

『百戰奇略』給現代人的啟示／陳羲主編
——初版——臺北市，大展，民 95
面；21 公分－（鑑往知來；7）
ISBN 978-957-468-486-1（平裝）
1. 兵法－中國　2. 戰爭
592.09　　95013998

（鑑往知來 7）
『百戰奇略』給現代人的啟示
ISBN-13：978-957-468-486-1
ISBN-10：957-468-486-5

主 編 者／陳　　羲
發 行 人／蔡　森　明
出 版 者／大展出版社有限公司
社　　址／台北市北投區（石牌）致遠一路 2 段 12 巷 1 號
電　　話／(02) 28236031・28236033・28233123
傳　　真／(02) 28272069
郵政劃撥／01669551
網　　址／www.dah-jaan.com.tw
E-mail／service@dah-jaan.com.tw
登 記 證／局版臺業字第 2171 號
承 印 者／高星印刷品行
裝　　訂／建鑫印刷裝訂有限公司
排 版 者／千兵企業有限公司
初版1刷／2006 年（民 95 年）10 月

定　價／250 元